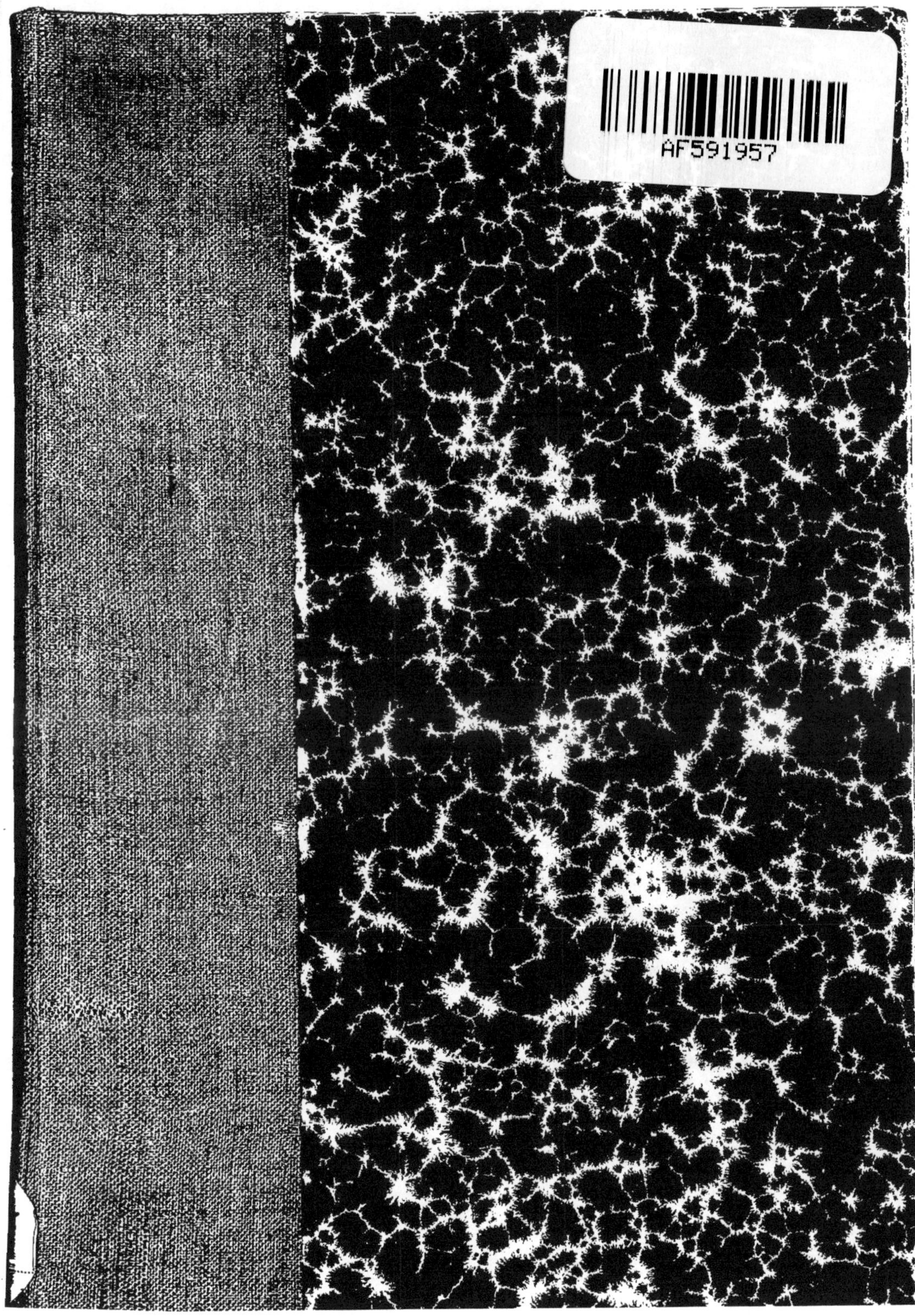
AF591957

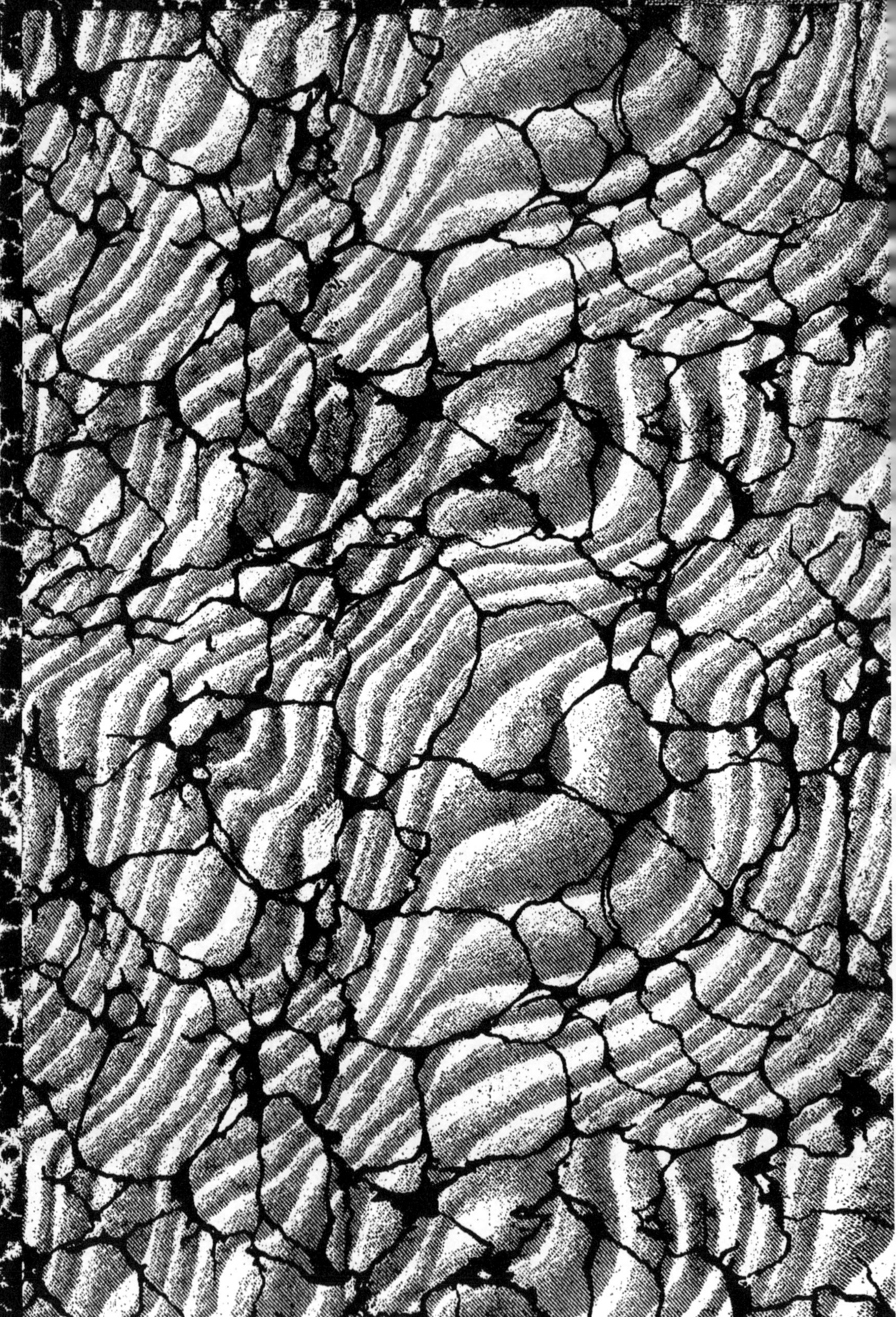

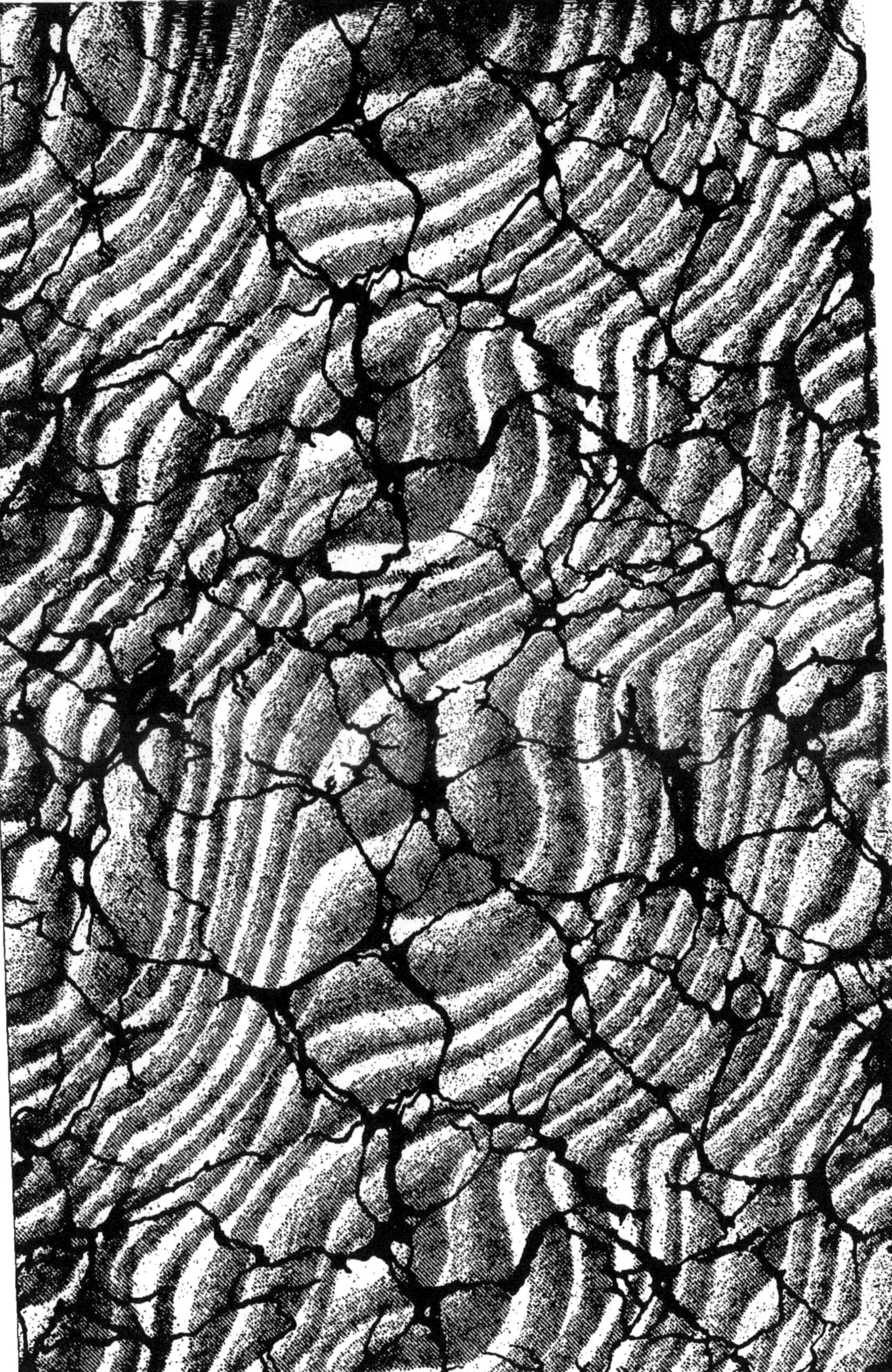

TANGER

Son port — Ses voies de pénétration

PAR

E. GAUTHRONET, Ingénieur

Chef de Missions d'études au Maroc

précédemment Directeur de la Société immobilière à Tanger
et Chef des Services de Construction et d'Exploitation
de Ports et Chemins de fer en Algérie et Tunisie

SECONDE ÉDITION — Revue et mise à jour

La grande mosquée et la rade

PARIS
AUGUSTIN CHALLAMEL, Editeur
17, rue Jacob
Librairie Maritime et coloniale

1913

TANGER

Son port — Ses voies de pénétration

TANGER

Son port — Ses voies de pénétration

PAR

E. GAUTHRONET, INGÉNIEUR

Chef de Missions d'études au Maroc

précédemment Directeur de la Société immobilière à Tanger
et Chef des Services de Construction et d'Exploitation
de Ports et Chemins de fer en Algérie et Tunisie

SECONDE ÉDITION — Revue et mise à jour

La grande mosquée et la rade

PARIS

AUGUSTIN CHALLAMEL, EDITEUR

17, rue Jacob

Librairie Maritime et coloniale

1913

INTRODUCTION

La deuxième édition de cet ouvrage, comme la première, est offerte à tous ceux qui s'intéressent au développement des intérêts commerciaux et matériels dans l'Empire chérifien et à l'accroissement de l'influence morale et civilisatrice de la France sur le Continent africain.

J'ai dédié particulièrement cette étude à M. Porché, ingénieur en chef des Ponts et Chaussées, directeur des Travaux publics au Maroc, et à ceux de mes compatriotes qui m'ont aidé et encouragé dans mon initiative et qui ont bien voulu en apprécier l'opportunité.

Elle a d'ailleurs pour objet d'appeler tout particulièrement l'attention des Français sur notre grand domaine nord-africain auquel on veut bien faire crédit de ressources nombreuses sur la foi de vieilles formules empruntées aux Romains, mais qu'on juge trop superficiellement parce qu'on le voit de trop loin et à travers les brouillards du préjugé.

Mon intention serait aussi de déduire les raisons économiques et sociologiques qui doivent déterminer la France à s'appuyer fortement sur sa colonie africaine.

Prévost-Paradol écrivait en 1868 : « Il faut considérer comme « absolument chimérique tout projet et toute espérance de conser- « ver à la France son rang relatif dans le monde, si ces espérances, « ces projets ne prennent pas pour point de départ cette maxime : « *le nombre des Français doit s'augmenter assez rapidement pour* « *maintenir un certain équilibre entre notre puissance et celle des* « *autres grandes nations de la terre.*

« Si la population s'accroît si lentement sur notre territoire, « toute chance nous est enlevée de multiplier rapidement le nombre « des Français et de nous maintenir en quantité sur la terre; nous « avons encore cette chance suprême et cette chance s'appelle « d'un nom qui devrait être plus populaire en France : l'ALGÉRIE !

« Cette terre est féconde, elle convient par la nature du sol « à une nation d'agriculteurs; elle est assez près de nous pour que « le Français, qui n'aime pas à perdre de vue son clocher, ne s'y « regarde pas comme exilé, et puisse continuer à suivre des yeux « et du cœur la Mère-Patrie.

« Puisse-t-il venir bientôt ce jour où nos concitoyens, à l'étroit « dans notre France africaine, déborderont sur le Maroc et la « Tunisie et fonderont cet empire méditerranéen qui ne sera pas « seulement une satisfaction pour notre orgueil, mais qui sera « certainement dans l'état futur du monde la dernière ressource « de notre grandeur ! »

Ce vœu de l'ardent patriote a reçu un commencement d'exécution. La France africaine a débordé sur la Tunisie. C'est l'œuvre de la République. Elle eut pu déborder sur le Maroc il y a quarante ans lorsque Prévost-Paradol adressait au pays un appel inspiré.

La France, que les destinées favorables appelaient vers le Sud, se tourna vers le Nord dans un moment de vertige... !

Depuis, redevenue maîtresse d'elle-même, elle a ouvert son âme aux espoirs propices. Les observateurs pénétrants, aux claires visions, dont le regard interroge l'avenir, en germe dans le présent, ont déjà prophétisé ces destinées heureuses

L'Afrique du Nord fut le grenier de Rome : elle lui donna les annones, le pain, garantie de sa vie matérielle. Elle doit être pour la France une terre génératrice : elle lui donnera des enfants, des citoyens, garantie de la vie nationale.

E. G.

GOUVERNEMENT IMPÉRIAL
DU MAROC

TRAVAUX PUBLICS

INGÉNIEUR EN CHEF

Cher Monsieur,

C'est avec le plus vif intérêt que j'ai pris connaissance de votre étude sur le port de Tanger et les travaux connexes.

Cette étude a exigé une documentation laborieuse et un travail considérable ; j'ai le plaisir à reconnaître que j'y ai trouvé des renseignements fort utiles, qui m'ont dispensé de recherches rendues difficiles par mes occupations actuelles.

J'estime que ce document pourrait être consulté avec fruit par ceux qu'intéressent le développement de Tanger et la question marocaine ; ils y trouveront des idées et des renseignements précieux.

Ayant eu moi-même à y puiser, je suis heureux de vous adresser mes félicitations pour cette étude, qui témoigne de votre expérience et de vos connaissances des questions de cette nature.

Veuillez agréer, etc.

Signé : Porché.

TANGER

Son port. — Ses voies de pénétration

Aperçu historique. — Les écrivains de l'antiquité ne nous ont laissé que des notions confuses sur les premiers habitants du Maroc.

Hérodote ne relate que des récits fabuleux.

Strabon ne parle que de la célèbre oasis d'Ammonium et de la nation des Nasamons.

Salluste fait mention des Libyens et des Gétules.

Baie de Tanger (Cliché Cousin)

Plus tard, mais à une époque complètement inconnue, un nouveau ban d'Asiatiques, composé de Mèdes, de Perses et d'Arméniens, envahit la contrée de l'Atlas.

Les Perses, se mêlant avec les premiers habitants du littoral, formèrent le peuple numide.

Les Mèdes et les Arméniens, s'alliant aux Libyens, plus rapprochés de l'Espagne, donnèrent naissance aux Maures.

Quant aux Gétules, confinés dans les vallées du Haut Atlas, ils repoussèrent toute alliance et formèrent le noyau principal de ces tribus qu'à l'imitation des Romains et des Arabes nous avons appelées Barbares ou Berbères, d'où est venu le nom d'États barbaresques.

Procope, historien byzantin du VIe siècle, et après lui l'historien des Berbères, Ibn-Khaldoun, qui écrivait au XIVe siècle, font descendre tous les Berbères d'un prétendu Ber, fils de Mazig, fils de Chanaan.

En ce qui concerne particulièrement la ville de Tanger, il est bien difficile de déterminer exactement son origine, comme celle de la plupart des autres villes bâties sur le littoral.

Cependant, si l'on en croyait une légende enfouie dans les poèmes cycliques de la Grèce, d'où elle passa dans les anciennes géographies, l'origine de Tanger remonterait aux temps des expéditions d'Hercule.

Tingis, qu'on appelait aussi Tenga ou Tinge, et dont le nom semble d'origine berbère, passait, d'après cette légende, pour avoir été fondée par l'Africain Antée, ou par Sephax, fils d'Hercule.

En raison de sa position avantageuse, au débouché des colonnes d'Hercule, en face des côtes d'Espagne, en raison aussi de la valeur de son mouillage, elle devait être déjà, au temps de la colonisation phénicienne et des royaumes indigènes, l'une des principales villes commerçantes et l'une des capitales politiques de la Mauritanie Occidentale.

Sertorius vint d'Espagne en 81 avant J.-C. y assiéger le prince maure Ascolis, qui dut capituler.

En 38, les habitants se soulevèrent contre leur roi Bogud, qui avait embrassé le parti d'Antoine; Octavien leur donna, pour les récompenser, le droit de cité romaine.

Un peu plus tard, les habitants de Tingis furent transportés en Espagne, où ils fondèrent la ville de Joza, ou Traduca.

L'empereur Claude érigea Tingis en colonie romaine.

Quand, en 48 avant J.-C., les Romains annexèrent les états de Ptolémée, fils de Juba II, les pays situés à l'Ouest de la Melucha formèrent une province particulière, la Mauritanie tingitane, distincte de la Mauritanie césarienne et administrée comme elle par un procurateur de rang équestre.

Tingis en fut la capitale; c'est là que résidait le procurateur et que se trouvait le centre du commandement militaire et de l'administration civile.

Sous le Bas Empire, la Tingitane était rattachée au diocèse d'Espagne, puis à la préfecture des Gaules. Les actes des saints Marcel et Cassien, le premier centurion, le second greffier, martyrisés à Tanger pendant la persécution de Dioclétien, sont les plus anciens textes relatifs à l'introduction du christianisme en Tingitane.

Dès la plus haute antiquité, cette région du Nord de l'Afrique fut renommée pour sa fertilité; le géographe Scylax, bien avant l'ère chrétienne, déclarait qu'elle était merveilleusement fertile; les Argiens donnèrent à Cérès le surnom de Libyque.

Strabon, au commencement de l'ère chrétienne, disait que le pays est presque partout excellent.

Malgré les ravages que les Vandales vainqueurs avaient faits dans les premiers temps de leur conquête (429-534), le pays offrait une apparence de luxe et de prospérité.

Le Sultan Abdel Aziz au tennis (Cliché Cousin)

En s'avançant, du lieu de leur débarquement dans l'intérieur, les soldats de Bélisaire étaient tout surpris de voir de fertiles campagnes avec de beaux parcs, leurs arbres chargés de fruits.

Plus tard, les auteurs arabes et divers voyageurs ont tous parlé dans le même sens.

Ces divers témoignages prouvent, d'une manière certaine, que les côtes marocaines ont été de tout temps une contrée fertile, où l'agriculture a joué un grand rôle.

Le premier peuple civilisé qui s'en empara en profita largement.

L'agriculture fut, en effet, en tel honneur chez les Phéniciens, qu'elle paraît avoir primé l'éducation commerciale de leurs colonies du Maroc.

Leurs aptitudes et leurs penchants pour les travaux des champs sont attestés par divers passages de Polybe, où la richesse des campagnes africaines est indiquée en termes empreints d'admiration.

Après la conquête arabe au VIIe siècle, l'état d'anarchie et de luttes continuelles qui régna entre les diverses sectes mahométanes conquérantes, et l'hostilité permanente qui existait entre elles et les chrétiens, amenèrent peu à peu le dépeuplement et l'abandon du territoire; cependant, aux Xe et XIe siècles, le nord de l'Afrique était encore prospère et industrieux; les ouvrages d'Ihbn-Haukal et de Bekri nous décrivent l'ingénieuse distribution des eaux dans l'Afrique proprement dite, la vaste irrigation des champs, la culture générale des oliviers et de beaucoup d'arbres fruitiers.

Les traités de commerce que faisaient constamment les Arabes et les Européens nous montrent qu'aux XIIe et XIIIe siècles les Européens apportaient aux Arabes des métaux, des draps, des toiles, des étoffes de luxe, des cordages, des navires, des agrès, des bijoux et autres objets d'industrie; les Arabes, comme producteurs, fournissaient aux Européens les laines, les cuirs, la cire, les sels, le blé, que plusieurs pays de l'Europe ont de tout temps demandé à l'Afrique; de l'alun, de l'huile, des plumes d'autruche, des pelleteries, des maroquins, des écorces tanniques et des fruits secs.

La décadence des lettres et des sciences suivit immédiatement, chez les Arabes, le triomphe du fanatisme musulman, et les ramena brutalement à la barbarie; la prise de Constantinople, par Mohammed II, excita encore leur fanatisme et l'esprit de haine contre ceux qui ne pratiquaient pas leur religion. Cependant, quelque dégradation qu'ait subi leur état moral, les gouvernements des souverains indigènes marocains s'inspiraient encore de principes de justice, de tolérance et d'impartialité.

Les traités étaient par eux observés, les tarifs commerciaux régulièrement appliqués. Les temps les plus mauvais de la barbarie et de l'inhospitalité du Maghreb, les seuls dont l'Europe et l'Afrique semblent avoir aujourd'hui conscience, sans en reconnaître l'origine, ne datent que du XVIe siècle et de l'établissement des régences barbaresques.

Vers 1550, les tribus bédouines des oasis sahariennes du Tafilalet franchirent les barrières de l'Atlas en forçant la porte de Taza; elles s'ouvrirent un chemin jusqu'à l'Atlantique, et placèrent sur le trône du Maroc leurs chérifs filalis, d'où sont issus les sultans qui se succédèrent jusqu'à nos jours, mais ne purent dompter les montagnards berbères réfugiés sur les hauts massifs de l'Atlas.

Les vaincus, fils de ces farouches Almoravides qui furent si longtemps maîtres de l'Espagne, gardèrent une haine profonde aux envahisseurs, et furent toujours prêts à en secouer le joug.

Des villes, que Léon l'Africain et Marmol avaient vues encore commerçantes et prospères, se dépeuplèrent; plus d'une disparut entièrement; des peuplades fixées au sol redevinrent nomades, pour échapper plus facilement à l'oppression du vainqueur, lequel ne dut la conservation de son pouvoir qu'aux divisions incessantes de ses sujets, complètement rebelles, par tempérament, à tout sentiment d'union ou de nationalité.

Quel fut le sort de Tanger dans ces divers bouleversements politiques et économiques ?

Sa population ressentit souvent le contre-coup des guerres qui désolèrent le Maghbreb; mais la ville ne cessa de se développer et de voir grandir son influence, jusqu'au moment où les Maures furent battus et chassés d'Espagne, à la fin du xve siècle. A cette époque, Tanger devint un nid de pirates, qui portaient la désolation sur ces côtes avec lesquelles les navigateurs n'avaient eu jusque-là que des relations pacifiques.

Nous nous bornerons à rappeler qu'au commencement du xe siècle la ville était occupée au nom du calife ommiade espagnol quand les troupes fatimites, aidées par une tribu berbère des environs, l'emportèrent d'assaut.

Tanger passa successivement sous la domination des Almoravides (1069-1144), des Almohabes (1144-1269), des Mérinides (1269-1551).

Tanger, en 1437 et 1464, repoussa les attaques des Portugais, qui s'en emparèrent en 1471 et la gardèrent jusqu'en 1662.

A ce moment elle fut remise au roi Charles II d'Angleterre, comme dot de l'infante Catherine, qu'il avait épousée. Il en fit un port franc et dépensa de fortes sommes pour le fortifier; mais, en 1664, le Parlement refusa les crédits, et la garnison dut évacuer la place après l'avoir démantelée.

Tanger tomba alors aux mains de la famille, aujourd'hui encore régnante, des Alides du Tafiladet; elle fut bombarbée par les Espagnols en 1790.

En 1844, l'émir Abd-el-Kader, vaincu par les troupes françaises qui avaient conquis l'Algérie, se retira au Maroc. L'empereur Abel-Rahman, irrité de voir une puissance chrétienne s'établir dans son voisinage, gardait envers la France une attitude hostile. Il ne cessait de favoriser des incursions sur le territoire récemment conquis. Il prit hautement Abd-el-Kader sous sa protection, et bientôt les Marocains ne craignirent point de franchir la frontière.

Le châtiment ne se fit pas attendre; le maréchal Bugeaud marcha à la rencontre de l'armée marocaine, commandée par le fils même du sultan, et l'anéantit sur les bords de l'Isly, le 13 août 1844.

Pendant que l'armée de terre gagnait cette bataille, le prince de Joinville bombardait Tanger, le 15 août, et, le 13 septembre 1844, la paix était signée entre la France et le Maroc.

Mais, malgré sa proximité de l'Europe, malgré son voisinage immédiat avec l'Algérie, devenue riche et prospère colonie française, le Maroc est resté à la fois un pays de féodalité, de chefs religieux et politiques, dont le premier est le sultan, commandeur des croyants; suivant la puissance de ces différents chefs, les limites varient sans cesse entre le pays administré par le sultan, *maghzen*, et le pays indépendant, *siba*.

La France, voisine immédiate du Maroc par l'Algérie, avait un intérêt spécial essentiel à ce que l'anarchie marocaine ne déborde pas jusque sur son territoire. Depuis longtemps son influence s'est affirmée au Maroc, car ce sont les Français qui occupent la première place dans le commerce marocain; ce sont des Français qui ont pris la plus large part dans les explorations du Maroc, dans tous les progrès agricoles, miniers, scientifiques, d'hygiène et d'humanité, réalisés en territoire marocain.

D'accord avec le sultan, la France a prévu (1901-1902) un régime particulier pour la région marocaine qui confine à l'Oranie; grâce aux capitaux français, qui ont reçu en garantie un privilège sur les recettes des douanes, la dette extérieure du Maroc a été unifiée en 1904.

La conférence d'Algésiras (janvier à avril 1906) a proclamé l'indépendance du sultan et l'intégrité de ses États; la France a été chargée d'organiser la police des ports marocains, d'accord avec l'Espagne. En 1907-1908, la France a dû envoyer des troupes dans la région de Casablanca, pour venger le massacre de plusieurs Français; l'Espagne agit de même en 1909-1910, pour châtier la même attitude agressive à l'égard de ses nationaux prise par les tribus établies dans le voisinage de sa colonie de Melilla. Un emprunt de liquidation de 100 millions de francs a été conclu en juin 1910; enfin le 30 mars 1912, notre ambassadeur, M. Regnault et le sultan Moulay-Hafid ont signé un traité qui place le Maroc sous le protectorat français; ces faits caractéristiques et d'autres projets à l'étude font présumer que le Maroc est à la veille d'une heureuse transformation.

L'instabilité politique du Maroc a toujours été très grande, par suite des rivalités entre les Sultans ou prétendants et les tribus. L'état d'abandon et de barbarie dans lequel est encore plongé ce pays frappe tous les voyageurs qui le parcourent. Les seules voies de communication sont des sentiers tracés par le passage répété des bêtes de somme; c'est l'unique moyen de transport, pour les marchandises comme pour les voyageurs. Aucune voie carrossable ne traverse le pays; les habitants ne circulent qu'à cheval, les rivières se passent à gué et deviennent souvent impraticables dans la saison pluvieuse.

Telle était aussi la situation de toute l'Afrique du Nord avant l'intervention de la France en Algérie et en Tunisie. Mais, sous la protection et l'administration françaises, ces deux provinces viennent d'affirmer à nouveau leur vitalité légendaire.

Les doctrines sages et équitables dont la France a poursuivi l'application dans cette partie du Nord de l'Afrique n'ont pas eu une influence moins heureuse dans le domaine économique qu'en matière politique.

La grande mosquée et la rade de Tanger

Rassurées par des institutions respectueuses de leurs droits, de leurs coutumes, de leur religion, les populations indigènes ont fini par accueillir favorablement les colons qui sont venus s'établir au milieu d'elles, les associant à leurs travaux.

Les résultats obtenus témoignent de l'importance des efforts accomplis.

Des travaux habilement dirigés ont permis de reconstituer d'importantes plantations dans les régions qui, dans les temps anciens, nourrissaient des populations nombreuses et envoyaient leurs grains, leurs cuirs, leurs laines, aux ports de la Gaule et de la péninsule ibérique. C'est par millions que l'on compte les arbres replantés.

La création de vignobles a introduit un élément nouveau de prospérité; l'exploitation des richesses minières a développé considérablement l'industrie et la fortune publique.

Des recherches et des essais se poursuivent sans relâche dans toutes les branches de la production. Des champs d'expériences, des laboratoires, étudient, avec les ressources de la science moderne, les nouveaux procédés de culture et d'industrie.

L'heure des hésitations est passée; un large champ d'action s'ouvre à ceux de nos compatriotes, chaque jour plus nombreux, qui ont compris l'intérêt s'attachant, aussi bien pour eux que pour la cause de l'humanité tout entière, à l'œuvre de régénération et de développement du Maroc.

Région de Tanger

La baie de Tanger a 4 milles, ou 7.500 mètres environ, d'ouverture, sur 3.000 mètres de profondeur; elle présente la forme d'un croissant dont les pointes sont placées Est et Ouest et dont la concavité fait face au Nord-Ouest.

Elle est couverte à l'Ouest par la pointe Amaier, au Sud par des terres, à l'Est par la pointe Malabate.

Bien qu'ouverte à toutes les aires des vents du nord elle est en ceci privilégiée que ces derniers, soit qu'ils viennent du N. ou du N.-O., soit qu'ils viennent du N.-E., n'y entrent pas ou n'y pénètrent qu'avec une vitesse assez atténuée pour ne produire jamais de grosse mer.

L'abri formé par la pointe Malabate offre un bon mouillage contre les vents dominants d'Est, par 15 à 20 mètres d'eau sur un fond de sable.

Tanger, située à l'extrémité Ouest du détroit de Gibraltar, à 22 kilomètres Est du cap Spartel, est bâtie en amphithéâtre sur la pente d'une colline que surmonte la Kasbah.

L'enceinte a la forme d'un quadrilatère dont les angles, couronnés par la Kasbah, se trouvent à 65 mètres au-dessus du niveau de la mer; mais, par suite de construction nouvelles, presque toutes européennes, la ville déborde aujourd'hui à l'Est et à l'Ouest sur la campagne, couvrant une superficie d'au moins 250 hectares; son développement à l'Est prendra des proportions considérables lors de la mise à exécution des projets élaborés par les nombreuses sociétés qui ont spéculé sur les terrains.

D'ailleurs cette ville doit à sa situation diplomatique et géographique, à son climat, de pouvoir aspirer à un très bel avenir; située sur l'une des routes les plus fréquentées du globe, elle deviendra quelque jour port franc, port charbonnier, et pourra fournir aux bateaux l'eau et l'alimentation.

Tanger, à moins de 3 heures de mer du continent européen, est la clef de la Méditerranée; elle est aussi la clef du Maroc. La voie ferrée de Tanger à Fez et prolongements apporteront des vivres et du fret

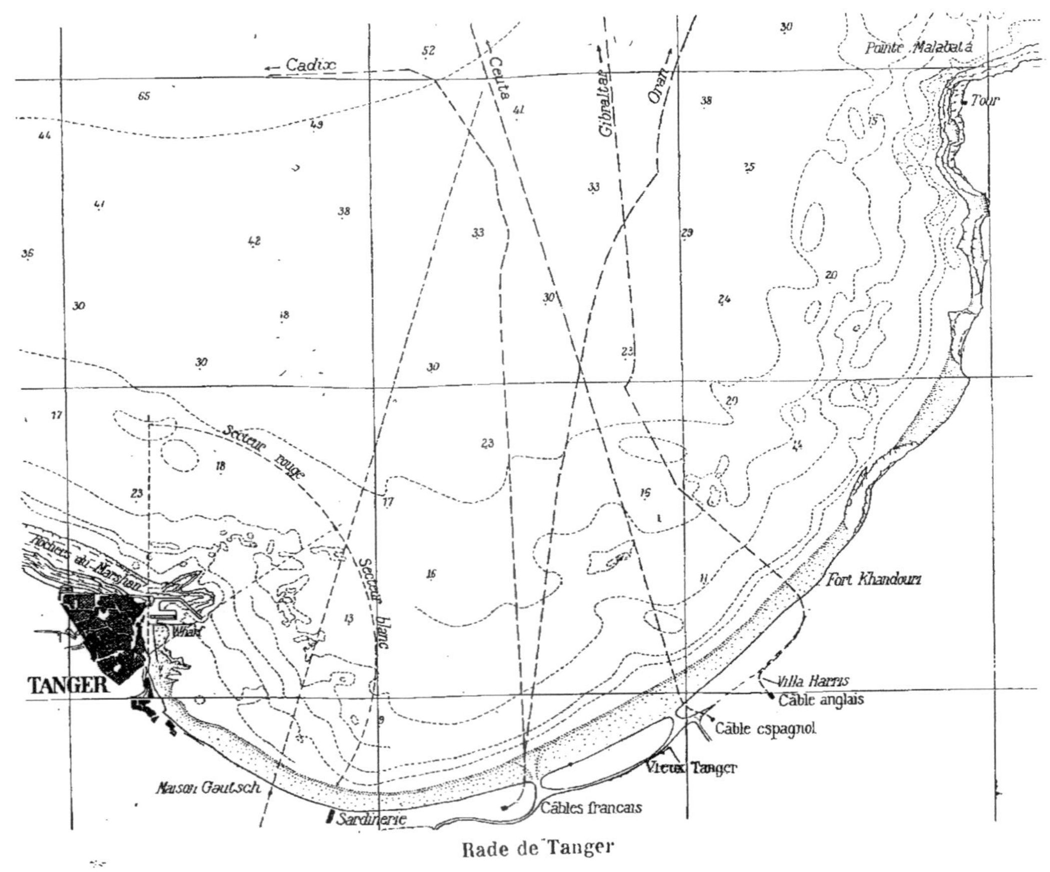

Rade de Tanger

en abondance aux nombreux navires qui, dès à présent, y relâcheraient si un port commode leur était ouvert, tandis que l'escale de Gibraltar, si dénuée de ressources de toutes sortes, devenue à peu près exclusivement port de guerre, se ferme de plus en plus au trafic commercial.

Quand on vient de l'Est ou de l'Ouest, le long de la côte, la reconnaissance de Tanger est facilitée par la vue de terres si remarquables qu'il est inutile de donner aucun renseignement particulier.

Quand on vient du Nord, ou de la direction des côtes portugaises, les montagnes du Moyen Atlas apparaissent à 70 kilomètres.

Le plateau du Marshan, auquel est adossé Tanger, sort de l'eau à 20 ou 22 milles.

La pointe côtière, la plus notable à signaler en venant de l'Ouest, est le cap Spartel, surmonté d'un phare à feu blanc à une occultation toutes les 10 secondes, ayant une puissance lumineuse de 2.000 becs carcel et une portée de 23 milles par temps moyen.

Le phare du cap Spartel

De Tanger partent trois routes principales qui concourent, en dehors des simples chemins muletiers, à assurer les communications avec la côte et l'intérieur. Ce sont :

La route du cap Spartel, à l'Ouest;
La route de Fez, au Sud;
La route de Tetuan, au Sud-Ouest.

La route du cap Spartel part de la porte du marché extérieur, le grand Socco, passe par le faubourg de Hasnona, puis par Abrahab, franchit l'oued Yacoub sur un pont de fer et gravit la pente du djebel El Kébir entre El Maratra à droite et Djamâ El Mokra à gauche. Une fois sur e plateau la route suit une direction parallèle à la côte et passe successivement par Sidi Masmoudi, Agla, Khandak, Oued-Ras et Chorar, pour aboutir au cap Spartel.

Elle est, à l'exception de la pente de Djamâ el Mokra, pavée jusqu'au kilomètre 10, à partir duquel elle se transforme en simple sentier.

La route de Fez quitte Tanger par la M'Salla, traverse l'oued Souani sur un pont de pierre, passe devant les aglomérations du Souani, Azb el Hadj Kaddour, Beni Ouriaghel, Achnal Beni Touzir, le marabout de Sidi Idriss, Hararin, Beni Said de Dahrlen, les deux villages de Dahlia, Segheda franchit l'oued Mahrhar et serpente à travers l'Akba el Hamra.

On aperçoit à l'horizon, sur les hauteurs à gauche, les villages de Azb Abakiou, Beni Makada, Yakilane, Mers, Deynous, Regaya, Sidi Larbi (marabout), Maharaza, Gouaret et Médéat; à droite le marabout de Sidi Hassein, les villages d'Aïn Bellout Bongoudour, Dar Serirou, Cheriouère, Aïn Zittoun, Aziz Cherfa, Sidi Lahssen et Aïn Terfania.

Dans ces diverses agglomérations vit une population de dix mille âmes, s'adonnant à l'agriculture.

La troisième route, celle de Tetuan, se dirige vers le Sud-Est; elle part de la plage et traverse l'oued Souani sur un pont, près de la briquetterie Gautch, passe près les hameaux de Charf et de Moghogha K'bira, traverse Azb Ben Djibon, Memnaer, Hahal, Chafra, Cheria et Zinat qui est la limite du Fahç au Sud-Est.

On aperçoit encore les villages d'Elkerab, Guelaya, Aouana, Deymous et Haouine.

On estime à six mille le nombre des habitants de cette partie du Fahç.

Géologie et hydrologie

La baie de Tanger est creusée dans des argiles crétacées, qui s'étendent assez loin vers le sud. Ces terrains argileux donnent au pays un relief mamelonnée qui contraste avec la rigidité des grès éocènes, qui l'encadrent à l'Ouest, depuis Tanger jusqu'au cap Spartel, et à l'Est depuis la pointe Malabata jusqu'au delà d'Elksar es-Srir.

L'érosion ancienne d'un petit fleuve, actuellement représenté par l'oued Charf, a contribué au creusement de la baie en affouillant les argiles, tandis que les falaises gréseuses du plateau du Marshan et de la pointe Malabata opposaient à l'action de la mer une assez grande résistance.

L'oued Charf coule entre des témoins du terrain crétacé, parmi lesquels on peut citer le Mont de Direction et le mamelon qui supporte les ruines que l'on attribue à l'ancien Tanger. Ces monticules arrondis encadrent le fond de la baie et forment une sorte de rempart qui limite une petite plaine produite par l'alluvionnement de la rivière.

A la limite occidentale de cette petite plaine commencent les terrains éocènes. Des argiles bariolées, de couleurs lie de vin et verte, dominent et montrent intercalées entre leurs souches des grès bruns dont les tranches apparaissent souvent en saillie.

Ces grès sont de plus en plus fréquents à mesure qu'on s'élève dans la série des couches superposées.

Le contraste frappant qui existe entre les argiles crétacées et les grès éocènes est encore accentué par leur végétation.

Tandis que les premières sont nues et se prêtent admirablement à la culture des céréales, du maïs, du sorgho, les grès éocènes sont recouverts d'une végétation broussailleuse où dominent le lentisque, le palmier nain, la grande bruyère.

La région qui s'étend autour de Tanger est dénommée le Fahç; les hauteurs qu'on y relève peuvent se diviser en quatre groupes. Le premier est constitué par la chaîne du Djebel el K'bir, qui s'étend du voisinage immédiat de Tanger jusqu'au cap Spartel, et dont le plus haut sommet ne dépasse pas 330 mètres. Tandis que le versant Nord du Djebel el K'bir est dépourvu d'habitations, on remarque, sur le versant Sud, les hameaux de Mesnana, El Branès, Ziatène, Ahammar, Meghaier, Gour et Mediouna.

Le deuxième groupe embrasse les différentes collines qui s'étendent au Sud du Djebel el K'bir , à peu de distance de l'Atlantique; ce sont les collines de Djebila, d'Adjerine, d'Agadir, de Charf el Akab et d'Haoura.

Le troisième groupe est constitué par un massif montagneux, bizarrement découpé, qui se trouve au centre du Fahç et dont l'altitude est inférieure à celle du Djebel el K'bir. Il comprend les hauteurs de Sidi Hassein et d'Aïn-Dahlia, sur les pentes desquelles vit une assez nombreuses population autochtone.

Le quatrième groupe, enfin, se compose de la chaîne des collines qui se détache du massif de l'Andjera et s'étend dans la direction des montagnes des BeniM-'ssaouar, au Sud. Ces collines, dont l'altitude ne dépasse pas 80 mètres, vont se raccorder au Djebel Zinat, d'une altitude notablement supérieure.

Entre ces différents groupes de hauteurs sont les plaines de Bou-, Khalt, Daya, El Hamra, Zinat et Moghogha, et les vallées de Charf, Boubana et Sidi Hassein, parcourues par l'oued Charf, l'oued el Halq. l'oued Moghogha, l'oued Souani, l'oued Yacoub, l'oued Mediona, l'oued Bou Khalf, l'oued Bou Ghaddou, l'oued Tahaddart, l'oued el Hachef, l'oued Maharhar, l'oued el K'bir, l'oued Sidi Hassoin, l'oued el Hadj et l'oued sidi el Arbi.

Les dunes littorales, si fréquentes le long des côtes marocaines, recèlent une quantité d'eau, proportionnée à leur étendue et à la moyenne annuelle des pluies qui est à Tanger de 880 m/m, ainsi que l'établissent les observations résumées en un tableau, page 28.

Les précipitations atmosphériques s'infiltrent instantanément dans ces sables non agrégés, au point que le ruissellement est impossible, quelle que soit la violence de l'orage. Aussi les pluies sont-elles incapables de modifier le relief de ces formations géologiques, à l'encontre des autres qui sont généralement exposées au travail de l'érosion; le modelé de

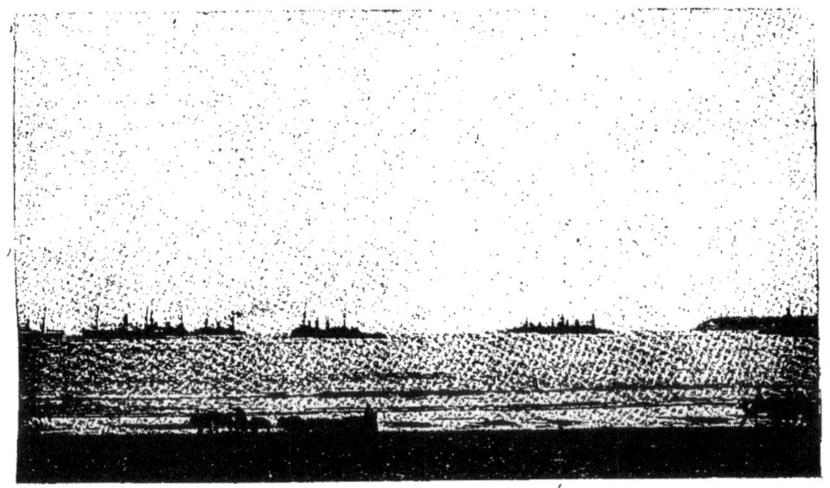

Sur rade de Tanger

la dune est exclusivement l'œuvre du vent et non pas celui des eaux sauvages.

La région de Tanger offre à ce point de vue un exemple saisissant des applications de la géologie à l'hydrologie souterraine.

La ville se trouve sur le bord d'une ramification de la chaîne des Alpes, qui traversait primitivement l'emplacement actuel du détroit de Gibraltar. Elle unissait celle du Rif à la Cordillère bétique; sa crête la plus saillante se montre entre l'Andjera et la plaine du Haouz, de Ceuta-Tetuan.

Tanger se trouve sur le bord externe de cette chaîne tournante; aussi les terrains s'y montrent moins plissés, moins tourmentés.

Parmi ces terrains, on en trouve de perméables, qui se rapportent à trois âges géologiques différents.

Le plus ancien est constitué par des grès siliceux, parfois sableux, qui affleurent sur de grandes surfaces dans l'Andjera, et forment, entre Tanger et le cap Spartel, tout le massif rocheux désigné sous le nom de Djebel.

Ce sont les mêmes grès qui forment les bancs redressés des environs de la ville.

Des grès calcaires plus récents s'étalent en lits à peu près horizontaux le long de la côte atlantique, à partir des grottes d'Hercule, et ces excavations se sont formées par le creusement de la roche sous l'influence érosive des eaux.

Enfin, les sables des dunes qui, comme nous le disions plus haut, constituent le terrain perméable par excellence.

On est frappé, quand on arrive à Tanger, de l'existence de la dune qui se développe entre les hauteurs de la ville et la colline du Charf, et l'on remarque qu'une bonne partie des constructions sont édifiées sur la même dune, que fixe à la longue une végétation arborescente, ce qui indique qu'il y aurait possibilité d'enrayer la progression de cette dune au moyen de plantations adaptées à ce sol aréneux.

On verra plus loin le rôle important que jouent ces sables, amoncelés par le vent, dans l'existence de la nappe aquifère.

Trois niveaux principaux existent dans la région de Tanger qui résultent des infiltrations pluviales dans les trois terrains perméables signalés ci-dessus.

Ces niveaux d'eau s'établissent chaque fois que l'un ou l'autre des terrains repose sur un soubassement argileux imperméable.

La dune qui encadre la baie de Tanger repose sur des argiles des terrains éocènes ou crétacés. Il en résulte que toutes les eaux pluviales reçues entre San Francisco et le Souani, d'une part, la plage de l'autre, s'accumulent en une nappe qui a son déversoir du côté de la mer.

Mais le trop-plein de ce niveau aquifère laisse, sous la dune, une réserve notable, que l'on atteint par les puits du Souani et de la plage.

Si les conditions de gisement de cette eau ne la condamnaient, au point de vue de l'alimentation de la ville, il serait facile et intéressant de calculer approximativement la capacité de cette petite nappe souterraine, d'après la surface du soubassement argileux sur lequel repose la dune.

L'idée qu'on peut s'en faire, a priori, c'est que cette réserve n'est pas très importante.

On s'explique néanmoins comment les puits de la plage et du Souani ont été jusqu'à ce jour utilisés. La ville, encore plus arabe qu'européenne, n'a eu jusqu'ici que des besoins très limités, et les porteurs indigènes ont, tant bien que mal, suffi à fournir aux habitants la quantité d'eau relativement minime employée quotidiennement pour parfaire l'insuffisante ressource des citernes; mais il faut admettre que la population, continuant sa courbe ascendante, les puits en question ne répondront bientôt plus aux besoins des habitants.

Abstraction faite de cette insuffisance prochaine, il faut considérer que, si les eaux de la plage et du Souani sont bonnes, au point de vue de leur saveur et de leur composition chimique, elles ne le sont pas au point de vue bactériologique.

En effet, les eaux pluviales qui, par leur réunion, viennent former la nappe souterraine, traversent une agglomération de maisons et de petits jardins, habités par une population très dense, et dépourvue d'égouts à parois étanches; il en résulte que l'eau des pluies court de grands dangers de contamination en entraînant avec elle les germes nocifs provenant de tous ces groupements humains.

Une rue à Tanger (Cliché Cousin)

Pour ces raisons, les eaux du Souani et de la plage ne paraissent pouvoir servir dans l'avenir qu'aux besoins industriels, aux usages domestiques ou aux travaux de voirie.

Bien que moins perméables que les sables de la dune, les grès éocènes, qui forment la plupart des massifs des environs de Tanger, se laissent néanmoins assez facilement pénétrer par les eaux pluviales. Comme, d'autre part, ces grès reposent généralement sur des argiles de même âge géologique, ou appartenant aux terrains crétacés, il se forme partout à leur base un niveau aquifère.

La nappe ainsi produite serait extrêmement puissante si les grès en question étaient étalés horizontalement, en couches régulières et continues, comme les sables des dunes; mais ils ont subi le contre-coup des plissements montagneux qui ont formé la chaîne du Rif. Il en résulte qu'au lieu d'un seul niveau d'eau, étendu à toute la surface d'affleurement de ces grès, il se produit une série de petites nappes, séparées par les plis du terrain, et correspondant à des bassins de réception isolés les uns des autres.

Le massif du Djebel offre ainsi un exemple de ce morcellement des eaux souterraines dans les grès éocènes. Il est formé, en effet, dans son ensemble, par un vaste plissement qui incline leurs bancs perméables, d'une part vers la côte, de l'autre vers la vallée de Boubana, de telle sorte que les eaux d'infiltration s'écoulent de deux côtés opposés par rapport à la crête de la montagne qui borde la côte, entre Tanger et le cap Spartel. La nappe est ainsi divisée en deux parties; l'une va se déverser dans la mer, tout le long de la falaise, où l'on peut apercevoir ceux des suintements qui affleurent au-dessus du niveau de l'Océan; l'autre donne naissance aux sources de Boubana.

Ces eaux doivent être considérées comme bonnes. Non seulement elles le sont au point de vue de leur composition chimique, mais elles n'offrent plus le danger des puits du Souani et de la plage, parce que les bassins de réception ne supportent pas d'agglomérations importantes, comme la ville de Tanger, bien qu'ils ne soient pas complètement exempts d'habitations humaines.

Elles ne peuvent donc être, bactériologiquement, tout à fait pures; mais, avec quelques précautions prises à certaines époques de l'année, comme il est généralement prescrit pour les eaux potables des villes orgasées, on pourrait les considérer comme absolument saines.

Malheureusement étant donnée la surface relativement faible de la zone d'infiltration, on ne pourrait espérer capter, dans la vallée de Boubana, qu'un débit tout à fait insuffisant pour l'alimentation d'une ville aussi importante que Tanger.

Il serait possible, il est vrai, de réunir aux eaux de Boubana celles qui pourraient provenir de gisements analogues, comme Aïn-Dahlia, mais on n'arriverait pas ainsi à totaliser un débit suffisant pour répondre à une consommation aussi grande que celle de la ville diplomatique.

Il faudra donc chercher ailleurs la solution du problème si intéressant des eaux d'alimentation de Tanger.

Les grès pliocènes, échelonnés en une bande de largeur variable le long de la côte atlantique, abritent aussi, par suite de la perméabilité très grande de leurs calcaires, et à cause de leur disposition régulière en couches à peu près horizontales, quelques nappes d'une eau abondante et pure.

Un de nos compatriotes, M. l'ingénieur J. Legrand, à la suite d'une étude technique sur les ressources possibles en eau des environs de Tanger, avait préconisé le captage d'une source située dans la région de Charf el Aghab, l'Aïn Tcheriouar, et des dosages approximatifs de son débit l'avaient amené à cette conclusion qu'elle pourrait suffire, au moins actuellement, à la population tangéroise.

Cette source sourd au contact d'argiles éocènes et de grès pliocènes très sableux, et par suite très perméables, qui s'étendent sous le plateau du Charf el Aghab. Elle doit être une émergence d'un niveau d'eau formé sous le plateau au contact des argiles imperméables sous-jacentes. Comme, d'autre part, le plateau gréseux est limité partout, à l'est et au sud, par la vallée de l'oued Mahrahr, la nappe souterraine suinte et alimente les bas-fonds marécageux de la vallée où se rencontrent, à l'altitude de 10 à 20 mètres, une certaine quantité de sources assez importantes.

Le plateau du Charf el Aghab est situé au bord de la mer, à 15 ou 20 kilomètres à l'ouest de Tanger, entre les vallées de l'oued Bou Khalf et de l'oued Mahrahr. Il est limité à l'Ouest par le rivage atlantique et à l'Est par une dépression marécageuse, tributaire de l'oued Mahrahr; au Sud, par la vallée; au Nord il s'arrête à la faible dépression de l'oued Bou Ghaddou.

Il est des plus réguliers, faiblement déprimé en son centre, par suite de l'existence, à sa bordure occidentale, d'une dune maritime, fixée en grande partie par un maquis de lentisques et de palmiers nains.

A l'Est, il se relève jusqu'à une quarantaine de mètres au-dessus du niveau de la plaine marécageuse dans laquelle se développe, en méandres tortueux, reliés par tout un système de canaux d'eaux stagnantes, le réseau hydrographique de l'oued Mahrahr.

Les grès pliocènes qui forment le plateau sont très poreux à leur surface; ils donnent, par désagrégation, des sables rougeâtres, qui se prêtent assez bien à la culture.

Du côté de la mer, la végétation broussailleuse, constituée principalement de lentisques et de palmiers nains, mêlés d'asphodèles, forme un maquis assez serré qui sert de repaire à une multitude de sangliers, et le plateau, propriété du Maghzen, est affecté pour la chasse au corps diplomatique.

Ces grès forment donc comme une vaste table, recouvrant partout des argiles tertiaires, de sorte que les eaux de pluie, qui sont très rapidement absorbées par les sables de la surface, s'infiltrent facilement dans la roche et descendent jusqu'au contact des argiles imperméables sous-jacentes.

Il en résulte la formation, à la base du plateau, d'un niveau aquifère qui donne naissance, sur tout son pourtour, à des sources nombreuses, qui doivent être considérées comme le déversoir de la nappe aquifère.

On est ainsi amené à considérer le Charf el Aghab comme un vaste pluviomètre naturel, qui totalise en une nappe souterraine les eaux atmosphériques qu'il reçoit.

Il est donc possible d'évaluer, dans ces conditions, par un calcul simple, la quantité d'eau annuellement emmagasinée par ce plateau, d'après sa surface et d'après la chute moyenne des pluies tombées dans la région de Tanger; on sait, par des observations faites à Tanger depuis de longues années, notamment par M. Goffart, qu'on peut compter sur un minimum de 890 m/m par an.

En prenant seulement les deux tiers de la quantité de pluie qui arrose le Charf el Aghab, et qui présente un minimum de la proportion récupérable des précipitations annuelles reçues par cette surface de terrain, on peut certifier que la nappe souterraine est susceptible d'un débit quotidien d'au moins 2.000 mètres cubes. Or, ce chiffre, que l'on doit envisager comme plutôt inférieur à la réalité, suffirait très amplement à la consommation de la ville actuelle.

Il est très important, en outre, de faire remarquer que l'eau du Charf el Aghab est parfaitement bonne, tant au point de vue bactériologique qu'au point de vue de sa teneur en gaz, sels calcaires, sels alcalins, etc., dont la présence est indispensable à toute eau potable.

Son innocuité est compréhensible, si l'on observe que le plateau ne supporte que deux petits douars dont la présence ne peut contaminer sensiblement les infiltrations superficielles.

Il existe enfin une autre nappe souterraine, plus importante, mais plus lointaine, sur la rive gauche de l'oued El Hachef, sous le plateau du R'Arbya, où l'ancienne ville romaine d'Ab Mercuri paraît avoir puisé les ressources de son alimentation en eau potable.

La constitution géologique du R'Arbya le place à l'âge pliocène des grès argilo-sableux, qui longent la côte dans ces parages, et sont situés au même niveau géologique que ceux du Charf El Aghab. Ils forment une table légèrement inclinée vers la mer et surmontant, soit des argiles de même âge, soit le système des grès et argiles schisteux de l'éocène.

Au lieu du relief mamelonnée de la région, entre l'oued el Hachef et Larache, on se trouve ici dans un pays plat, vaste plan légèrement incliné vers la mer, entaillé par des vallées à peu près normales à la côte et qui ont affouillé, jusqu'à leur base, les grès pliocènes; il en résulte que le niveau d'eau du R'Arbya montre ses points les plus élevés à 35 ou 40 mètres au maximum, et à 35 ou 40 kilomètres de Tanger.

Il en existe aussi, dans la région montagneuse des Beni-Arous et dans celle des Beni-M'ssaouar, qui la limite vers l'Est, un ou plusieurs niveaux aquifères à rapprocher, au point de vue géologique, de celui de Boubana, dans le massif du Djebel compris entre Tanger et le cap Spartel. D'autres points d'eau, paraissant abondants, émergent dans la vallée de l'oued Kemis, qui se jette dans la mer près de Tetuan; ces sources sont situées à 30 kilomètres environ au Sud-Est de Tanger, et il est très possible que ces nappes offrent, à des altitudes assez grandes, des émergences d'un débit tel qu'elles répondent aux conditions futures de l'alimentation de la ville de Tanger et de son port.

Renseignements météorologiques

Les renseignements qui suivent sont basés sur des observations faites à Tanger de 1899 à ce jour, par le correspondant du Bureau central météorologique de France.

Régime des vents. — Le tableau suivant indique de quelle manière se fait la répartition de détail pour les différentes aires du vent, dans les diverses saisons.

Tableau de la fréquence des vents en direction

SAISONS	N.	N.-E.	E.	S.-E.	S.	S.-O.	O.	N.-O.	CALME	TOTAUX
HIVER.....	5	3	14	5	12	9	8	6	29	91
PRINTEMPS .	5	7	17	3	10	8	10	4	21	85
ÉTÉ.......	7	10	26	3	8	5	7	4	29	99
AUTOMNE ..	3	4	16	4	9	10	10	3	31	90
TOTAUX.	20	24	73	15	39	32	35	17	110	365

Il n'y a, ainsi que nous le disions plus haut, aucune tempête à redouter dans la baie de Tanger. Ce tableau montre que les vents qui pourraient normalement en produire, en raison de leur fréquence, sont les vents de l'Est.

Or, ces vents viennent de terre, en passant par dessus les montagnes qui bordent le rivage; ils affleurent simplement la surface des eaux et n'y causent qu'une houle dont aura facilement raison un ouvrage relativement peu important.

Il convient, en effet, de remarquer que les seuls vents du large qui pourraient provoquer de grosses mers sont les vents du N. et du N.-E., et qu'ils sont extrêmement rares et jamais violents.

Régime des pluies. — Le tableau qui suit donne le nombre des jours de pluie par mois, par trimestre et par semestre, ainsi que les quantités moyennes d'eau tombée, calculées d'après les observations faites de 1899 à ce jour, le pluviomètre étant placé à 60 mètres environ au-dessus du niveau moyen de la mer.

L'observation des moyennes trimestrielles ne fait pas suffisamment ressortir les proportions dans lesquelles se répartit l'eau pluviale, dans le courant de l'année; mais, si l'on compte les intervalles trimestrielles à partir du 1er décembre, on trouve les résultats suivants :

1er trimestre, décembre, janvier, février	403 m/m	2
2me trimestre, mars, avril, mai	225	7
3me trimestre, juin, juillet, août	35	4
4me trimestre, septembre, octobre, novembre	222	6

Régime des pluies

MOIS	NOMBRE MOYEN DE JOURS			HAUTEUR MOYENNE D'EAU TOMBÉE		
	Par mois	Par trimestre	Par semestre	Par mois	Par trimestre	Par semestre
JANVIER	10	42	63	93,4	381,5	5,076
FÉVRIER	16			159,8		
MARS	16			128,3		
AVRIL	9	21		58,3	126,1	
MAI	8			38,6		
JUIN	4			28,7		
JUILLET	1	7	41	3,1	47,7	379,3
AOUT	2			3,6		
SEPTEMBRE	4			41,»		
OCTOBRE	8	34		84,6	331,6	
NOVEMBRE	12			97,»		
DÉCEMBRE	14			150,»		
	104	104	104	886 9	886,9	886,9

On voit, d'après ces résultats, qu'il y a dans l'année un trimestre très pluvieux et un trimestre très sec, séparés par deux trimestres moyennement et à peu près également pluvieux.

En moyenne, et dans l'année commune, la quantité de pluie tombée représente une couche d'eau de 89 centimètres d'épaisseur, et le nombre des jours pluvieux est de 106.

C'est en février qu'il tombe en moyenne le plus d'eau et que l'on observe le plus grand nombre de jours de pluie, tandis que le mois de juillet est le plus sec de l'année.

Observations thermométriques. — Le tableau suivant indique, pour

Résumé des observations thermométriques depuis 1899

MOIS	MINIMA	MAXIMA	MOYENNE
JANVIER	7,4	17	12,2
FÉVRIER	9	15	12
MARS	9	18	13,5
AVRIL	11,2	21	16,1
MAI	12	23	17,5
JUIN	15	26	20,5
JUILLET	18	29	23,5
AOUT	17	30	23,5
SEPTEMBRE	16	30	23
OCTOBRE	14	25	19,5
NOVEMBRE	11	20	15,5
DÉCEMBRE	7	17	12
MOYENNE ANNUELLE	12,2	22,6	17,4

tous les mois de l'année, la moyenne des températures minima et maxima

C'est au mois de juillet et d'août que la chaleur est la plus forte.

Si l'on admet, comme température moyenne d'une journée, la demi-somme du minimum et du maximum, la température moyenne de l'année est de 17°4.

Il convient de noter que le climat de Tanger et de toute la région du Fahç est très sain, et tempéré, grâce au voisinage du gulf-stream.

D'une grande régularité, il doit au détroit de Gibraltar de bénéficier d'un continuel courant d'air, dont l'influence est des plus salutaire, contre les épidémies, et c'est grâce à cette particularité que la santé publique, tant à Tanger que dans les environs, se maintient toujours satisfaisante, en dépit des mauvaises conditions actuelles de l'hygiène publique et privée.

Statistiques commerciales, agricoles et industrielles

Services de navigation aboutissant à Tanger ou touchant Tanger

Par la Compagnie de navigation marocaine (N. Paquet et Cie), les départs de Marseille pour Tanger et la côte marocaine ont lieu les 1er, 11, 16 et 21 de chaque mois; retour pour Marseille les 8, 15, 23 et 30 de chaque mois; ces bateaux touchent également Gibraltar et Ceuta.

Par la Compagnie mixte (Touache), quatre fois par mois à l'aller comme au retour, entre Marseille et Tanger, avec escale à Malaga, Melilla, Oran, Gibraltar.

Par la Compagnie « Rotterdam Lloyd », tous les quinze jours, tant à l'aller qu'au retour, ces navires qui desservent la ligne Rotterdam-Batavia, touchent, outre Tanger, les escales de Southampton, Lisbonne, Marseille, Port-Saïd, Suez, Colombo, Padang, et les mêmes au retour.

Par la « Nederland », tous les quinze jours également, tant à l'aller qu'au retour; ces navires, qui ont une installation de grand luxe, desservent la ligne Amsterdam-Port-Saïd et touchent, tant à l'aller qu'au retour, Southampton, Lisbonne, Tanger, Alger et Gênes.

Par la « Deustche-Ost-Africa-Linie », tous les vingt et un jours. Ces navires font le tour de l'Afrique; ils partent de Hambourg et touchent Southampton, Lisbonne, Tanger, Marseille, Naples, Port-Saïd, Suez, Aden, Zanzibar, Mozambique, Beira, Lourenço-Marquès, Capetown, Las Palmas, Southampton, Anvers et terminent à Hambourg.

Par la Compagnie « Orano-Marocaine (Mazelle et C°), dont les navires desservent Oran, Gibraltar, Ceuta, Melilla, la côte marocaine et Marseille.

Par la Compagnie « Adria », qui fait un service mensuel régulier entre Trieste, Tunis, Alger, Oran et Tanger.

Par la Compagnie « Delmas frères », dont les navires desservent toutes les trois semaines La Rochelle, Bordeaux, Tanger, Oran.

Par la Compagnie générale transatlantique, qui dessert mensuellement Saint-Nazaire, Bordeaux, Tanger, Oran, Alger, Tunis.

Par la Compagnie havraise péninsulaire, tous les quinze jours; les bateaux partent du Havre, touchent Cadix, Huelva, Gibraltar, Tanger et la côte marocaine.

Par la Compagnie Ellermann Papayni, qui, tous les quinze jours, dessert Liverpool, Londres, Tanger et Alger.

Par la « Line Steam navigation Company », trois fois par semaine, entre Gibraltar et Tanger.

Par la Compagnie transatlantique de Barcelone, entre Cadix-Gibraltar-Tanger et vice-versa, trois fois par semaine.

Par la « Mersey-Steamship Company Limited », au départ de Londres, tous les quinze jours, pour Gibraltar, Tanger, Rabat, la côte ouest marocaine et les Canaries.

Population de la ville de Tanger

NATIONALITÉS	ANNÉES							
	1890	1895	1900	1905	1909	1910	1911	1912
ANGLAIS	800	800	775	750	750	760	700	650
ALLEMANDS	15	30	40	60	80	95	70	50
BELGES	6	6	6	6	8	8	10	10
ESPAGNOLS	7000	8000	9000	10000	9000	8000	7000	7500
FRANÇAIS	150	600	800	1000	1100	1200	950	1300
ITALIENS	60	60	60	70	75	75	80	100
ISRAÉLITES	10000	10000	10000	10000	10000	10000	10000	10000
MUSULMANS	25000	25000	25000	25000	25000	25000	25000	25000
RUSSES	3	3	3	5	5	5	5	5
SUÉDOIS	5	5	5	5	5	5	5	55
DIVERS	50	50	50	50	50	50	50	50
MAROCAINS, INDIGÈNES NON Marocains, Algériens, Tunisiens, Soudanais Sahariens	800	800	800	800	900	1000	1000	1500
TROUPES	»	»	»	»	2250	2250	2250	2250
TOTAUX	43888	45354	46539	47746	47215	47388	47120	48470

Par la « Deutsch Levant Linie », entre Hambourg et les ports du Levant, passage à Tanger toutes les trois semaines dans la direction d'Alger et Tunis.

Par le « Servizio-italo-espagnolo », une fois par semaine au départ de

Gênes pour Marseille, Barcelone, Gibraltar, Tanger, la côte ouest du Maroc, Alicante, Alger et Gênes.

Par « l'Oldemburg-Portugiesische-Rhederei », deux fois par mois entre Hambourg, Anvers, Gibraltar, Tanger, Larache, Rabat, Casablanca, Mazagan, Saffi et Mogador.

Droits d'acconage, de magasinage, de douane, d'ancrage

Acconage. — Le service de l'acconage est un monopole du gouvernement marocain; un navire ne peut opérer par ses propres moyens que si les chalands du service du port ne sont pas mis à sa disposition dans les quarante-huit heures de son arrivée. Encore doit-il payer quand même une demi-taxe.

Le service de l'acconage est effectué par des chalands appelés *barcasses*, de 7 à 10 tonnes de portée; deux remorqueurs complètent ce service.

Des équipes de marins dits *bahri* montent ces chalands, y arriment les marchandises prises à bord ou à quai, les transportent du navire à quai et inversement et les déchargent.

Les taxes dues par ces manutentions étaient perçues, il y a peu de temps encore, de façon arbitraire, sans tarifs arrêtés et par des agents sans mandat bien défini, ce qui provoquait, de la part du commerce local, des plaintes très vives et très justifiées; la perception variait du simple au double et quelquefois plus, suivant le tempérament du percepteur et du payeur; mais on peut compter que la perception moyenne est de 4 pesetas hassani, soit environ 3 francs par tonne.

Après cette première opération intervient une équipe de portefaix, les *camalos*, pour le transport du quai au magasin de la douane, et inversement; la taxe perçue par ces camalos est de la moitié environ de la précédente, soit par conséquent 1 fr. 50 par tonne.

Magasinage. — Les marchandises ont le droit de séjourner gratuitement dans les magasins de la douane pendant 20 jours; après ce délai elles sont passibles des droits de 2 pesetas hassani par mois et par 100 kil., soit environ 1 fr. 35.

Ancrage et capitainerie. — Les navires faisant opérations commerciales, vapeurs ou voiliers, doivent, dès qu'ils ont jeté l'ancre dans la rade de Tanger, les droits ci-après :

Navires de	30	tonnes	et au-dessous,		2	pesetas hassani,	environ	1f40
»	21	»	à 50	»	7	»	»	4,50
»	51	»	à 250	»	12	»	»	8,00
»	251	»	à 500	»	22	»	»	14,00
»	500	»	et au-dessus		30	»	»	20,00

Les navires en provenance d'un port du Maroc où ils ont, par suite, déjà acquitté ces droits, sont exempts des droits d'ancrage tant qu'ils n'ont pas touché de nouveau un port étranger.

Pilotage. — Il n'existe point de service de pilotage officiel au port de Tanger. Lorqu'un navire demande le pilote, le délégué de la santé en remplit les fonctions, moyennant la taxe de 25 francs.

Droits sanitaires. — Le tarif des droits de santé est ainsi fixé :

Navires de 20 tonnes et au-dessous,		0,60 pesetas hassani, environ		0,40
»	21 à 40 »	1,25	»	1,85
»	41 à 60 »	2,50	»	1,70
»	61 à 80 »	3,75	»	2,65
»	81 à 100 »	5,00	»	3,30
»	101 à 120 »	6,25	»	4,15
»	121 à 150 »	9,40	»	6,03
»	151 à 500 »	12,50	»	8,40
»	500 et au-dessus,	16,00	»	10,70

Plus, pour le canot de la Santé, un droit fixe de 2 pesetas espagnoles, soit 1 fr. 80.

La douane, à la porte de la Marine

Les navires jaugeant moins de 60 tonnes sont dispensés du paiement de cette dernière taxe; les navires touchant Tanger trois fois par semaine ne paient que 1 peseta, soit environ 0 fr. 90.

Patentes. — Outre les droits sanitaires et autres sus indiqués, les navires touchant Tanger sont assujettis au paiement de droits de patente délivrés par les consuls de leur nationalité respective.

Patente française. — Navires faisant, en service régulier, des opérations commerciales :

de 101 à 200 tonneaux,	12 francs
de 201 à 300 »	16 »
de 301 à 701 »	18 »
de 701 et au-dessus	24 »

Ces prix comprennent l'ensemble des formalités nécessaires à l'arrivée, pendant le séjour et au départ, tels que visa des pièces, dépôtde rapport, du rôle d'équipage, etc.

Navires faisant en service irrégulier des opérations commerciales :

Droit fixe, 5 francs

plus un droit proportionnel par tonne au-dessus de 50 tonnes jusqu'à 700, 0,10

Réduction de moitié pour tout navire provenant des autres ports marocains.

Par passager embarqué, jusqu'à 10 passagers seulement, 2 francs

Réduction de moitié pour tout navire provenant d'un port marocain ou s'y rendant.

Navires en relâche, mais ne faisant aucune opération commerciale et n'embarquant ou débarquant aucun passager :

Séjour de plus de 24 heures, pour bateaux de :

51 à 200 tonnes,	5 francs
201 à 700 tonnes,	10 »
au-dessus de 700 tonnes,	15 »

Patente anglaise. — Taxe unique de fcs 12,50

En dehors des jours et heures du consulat, tarif double

Patente espagnole. — Navires en opérations commerciales :

De 1 à 150 tonnes, pesetas or	15 »
De 150 à 1.000 tonnes, pesetas or par tonne	0, 10
Au-dessus de 1.000 tonnes, pesetas or,	125 »

Navires opérant sur lest :

De 1 à 150 tonnes, pesetas or,	6 »
De 150 à 1.000 tonnes, par tonne	0, 04
Au-dessus de 1.000 tonnes,	40 »

Ces droits subissent une majoration de 20 % à titre de droits transitaires.

Pour chaque passager embarqué ou débarqué 0, 75

Importation. — Les droits de douane à l'entrée sont fixés à 10 % *ad valorem* traités anglais, espagnol et allemand). L'estimation de la valeur est laissée à l'appréciation des administrateurs de la douane. En cas de différend, l'importateur a la faculté d'acquitter ce droit en nature.

Momentanément, l'acte d'Algésiras a prévu une augmentation de droits à l'importation, sous forme d'une taxe de 2,50 % *ad valorem*, dont le produit sera affecté aux dépenses et à l'exécution des travaux publics.

Exceptionnellement (traité français de 1892), les articles suivants ne paient que 5 % *ad valorem* : tissus de soie, bijoux d'or et d'argent, pierres fines, tissus d'or, vins et produits de la distillation, pâtes alimentaires.

Le monopole de l'importation du tabac a été récemment concédé à un groupe international.

Droits de douane

Exportation. — Le tarif des droits payés à la douane pour les produits du Maroc, à la sortie, suivant le traité allemand du 5 juin 1890, a été modifié comme suit par le tratié français du 6 octobre 1892 :

Blé, la fanègue, mesurant 56 litres	10	R. H.	ou 2,50	P. H.
Maïs et dourah, la fanègue		10	»	2,50	»
Fèves, la fanègue		10	»	2,50	»
Lentilles la fanègue		10	»	2,50	»
Pois chiches, la fanègue		10	»	2,50	»
Alpistes, le quintal		5	»	1,25	»
Dattes,	d°	20	»	5, »	»
Amandes,	d°	15	»	3,75	»
Oranges et limons, le mille		4	»	1, »	»
Origans,	le quintal	4	»	1, »	»
Cumin,	d°	6	»	1,50	»
Huile,	d°	25	»	6,75	»
Gommes,	d°	8	»	2, »	»
Henné,	d°	6	»	1,50	»
Cire blanche,	d°	60	»	15, »	»
Cire vierge,	d°	50	»	12,50	»
Riz,	d°	9 3/8	»	2,38	»
Laine lavée,	d°	40	»	10, »	»
Peaux de bœufs,	d°	18	»	4,50	»
Peaux de moutons,	d°	18	»	4,50	»
Peaux de chèvres,	d°	18	»	4,50	»
Toisons,	d°	27 1/2	»	6,40	»

Peaux tannées, le quintal.....	50	»	4, »	»
Suif, d°	23	»	5,75	»
Poules, la douzaine..................	10	»	2,50	»
Œufs, le mille......................	25	»	6,25	»
Cornes, le mille....................	8	»	2, »	»
Pantoufles, 5 % *ad valorem*...........	»	»	» »	»
Piquants de porc-épic, le mille........	2	»	0,50	»
Ghassoul, le quintal.................	7 1/2	»	1,85	»
Plumes d'autruche..................	18	»	4,50	»
Palmiers, le cent...................	10	»	2,50	»
Carvi, le quintal....................	8	»	2, »	»
Peignes en bois, le cent..............	2	»	0,50	»
Poils et crins, le quintal.............	15	»	3,75	»
Raisins secs, le quintal..............	10	»	2,50	»
Ceintures en laine, le cent............	50	»	2,50	»
Tacaout, le quintal.	10	»	2,58	»
Bazanes, »	18	»	4,50	»
Chanvre et lin, le quintal............	16	»	12,50	»
Anis, le quintal....................	10	»	2,50	»
Couverture de laine, 5 % *ad valorem*...	»	»	» »	»
Tapis, 5 % *ad valorem*..............	»	»	» »	»
Fromages, le quintal...............	20	»	5, »	»
Palmiers nains, les cent bottes.......	8	»	2, »	»
Coussins brodés, 8 % *ad valorem*......	»	»	» »	»
Cresson, le quintal.................	10	»	2,50	»
Fassouk, le quintal.................	10	»	2,50	»
Cordes en poils de chèvre, le cent.....	10	»	2,50	»
Haïks, 5 %, *ad valorem*..............	»	»	» »	»
Lièvres, la pièce...................	1	»	0,25	»
Fenu grec, le quintal...............	5	»	1,25	»
Djellabas, 5 % *ad valorem*...........	»	»	» »	»
Cochenille, le quintal...............	10	»	2,50	»
Sacoches en cuir, 5 % *ad valorem*.....	»	»	» »	»
Graine de lin, le quintal	5	»	1,25	»
Oseille, »	10	»	2,50	»
Œufs d'autruche, la pièce...........	1 1/2	»	0,125	»
Rognures de peaux de bœufs, pour faire de la colle, le quintal.........	4	»	1, »	»
Perdrix, la pièce...................	4	»	1, »	»
Poires, le quintal..................	10	»	2,50	»
Lapins, la pièce....................	1	»	0,25	»
Chiffons, le quintal.................	5	»	1,25	»
Roses (feuilles de), le quintal.........	10	»	2,50	»

Nielle (chouissiz), le quintal.........	8	»	2, »	»
Sésame, le quintal..................	10	»	2,50	»
Tamis, 5 % *ad valorem*..............	»	»	» »	»
Sparte, le quintal..................	2	»	0,50	»
Étriers en fer, 8 % *ad valorem*........	»	»	» »	»
Boyaux, le quintal	10	»	2,50	»
Noix, d°	8	»	2, »	»
Fil de coton, 8 % *ad valorem*.........	»	»	» »	»
Nattes, 8 % *ad valorem*.............	»	»	» »	»
Tentes, 5 % *ad avlorem*.............	»	»	» »	»
Poisson salé, le quintal..............	5	»	1,25	»
Sarghine, le quintal................	5	»	1,25	»
Tortues, le quintal.................	2 1/2	»	0,625	»
Palais de palmiers nains, le quintal...	1 1/2	»	0,375	»
Fibres de palmiers nains, le quintal...	2 1/2	»	0,625	»
Millet fin, la fanègue................	10	»	2,50	»
Khol, le quintal....................	5	»	1,25	»
Écorce d'arbres, le quintal..........	6	»	1,50	»
Minerai de fer, le quintal............	2	»	0,50	»
Autres minerais, sauf le plomb, le quintal	5	»	1,25	»
Osier, le quintal..................	2	»	0,50	»
Bois d'Arar, la demi-charge de chameau	6	»	1,50	»
Bois de cèdre, la demi-charge de mule.	5	»	1,25	»

Le droit sur les pommes de terre, les courges, les tomates et les bananes a été fixé à 5 %

Le droit de sortie pour les bœufs est de 25 pesetas par tête. L'exportation de ces animaux n'est permise que par le port de Tanger et fait l'objet d'autorisations spéciales du Maghzen, annuellement renouvelables, sur la demande des légations, en faveur de leurs nationaux.

En outre, l'acte d'Algésiras a porté de 6.000 à 10.000 têtes de bétail de l'espèce bovine la quantité que chaque puissance aura le droit d'exporter du Maroc.

Cabotage. — Les marchandises expédiées en cabotage, d'un port du Maroc à un autre, ne sont en principe soumises au paiement d'aucune taxe. Il suffit pour cela qu'elles soient accompagnées d'une « enfoulah », sorte de passavant établi par les *oumanas*, administrateurs de la douane et constatant le dépôt par l'expéditeur, à titre de cautionnement, d'une somme égale aux droits que la marchandise paieraient à l'exportation. Cette somme est restituée au déposant après avis de livraison du port marocain destinataire.

Le sultan peut, d'après les traités, interdire ou suspendre le cabotage de certaines marchandises. Il a usé de ce droit en 1905 en interdisant, à partir du 7 février, le cabotage des céréales. Sur la demande des légations, il l'a autorisé de nouveau trois mois plus tard, mais moyennant un droit de circulation égal aux droits d'exportation. Cette mesure est favorable à l'exportation des farines, des semoules, à Tanger notamment, dont la région ne produit pas de blé, et qui s'approvisionnait de grains à la côte.

Prix courants de main-d'œuvre, matériaux, transport

La main-d'œuvre est en général abondante et bon marché dans tout le Maroc.

Le Marocain, contrairement à la plupart de ses coreligionnaires d'Algérie et de Tunisie, est laborieux, économe, prévoyant et non dépourvu d'intelligence.

Il apprend aisément un métier; c'est donc un précieux auxiliaire pour l'exécution des travaux publics.

A Tanger vit une population espagnole de 10.000 individus chez lesquels on peut recruter aussi une main-d'œuvre assez bonne, mais moins docile et moins laborieuse que l'autochtone.

La journée de 10 heures se paie en monnaie espagnole ou en monnaie hassani :

Un manœuvre indigène est payé, en hassani, 2 pesetas......	soit	1 f.	35
Un manœuvre européen »	de 2 à 3 pesetas espagnoles .	»	2	50
Un maçon européen »	de 6 à 7 » »	»	5	50
Un maçon indigène »	de 7,50 pesetas hassani	»	5	00
Un ouvrier d'art européen »	de 8 à 15 pesetas espagnoles .	»	10	00
La journée d'un âne avec ses zambilles	1,50 à 2 pesetas hassani	»	1	30
» d'un mulet..............	6 » à 7 » »	»	5	»

Les prix des matériaux sont très variables, en raison des frais de manutention et de transport dont ils sont souvent grevés pour arriver à pied d'œuvre.

Ces frais sont même quelquefois supérieurs à la valeur des matériaux et marchandises, car, ainsi que nous l'avons dit au commencement de cette étude, il n'y a pas encore pour ainsi dire de routes carrossables à Tanger; le service des Travaux publics se bornant pour l'instant, faute de crédits, à l'amélioration de la voirie très rudimentaire de la ville indigène; mais avec des capitaux mis à notre disposition, par la Société immobilière, nous avons pu ouvrir et empierrer un réseau de rues et boulevards qui constitue l'amorce et l'implantation de la nouvelle ville européenne de Tanger telle que nous l'avons figurée sur notre plan du port et des nouveaux quartiers.

La pierre à bâtir, les moellons d'enrochements en grès et en calcaire se trouvent aux environs immédiats de Tanger, dans un rayon de 4 à 5 kilomètres du port; les frais d'extraction ne sont pas plus onéreux ici qu'ailleurs et peuvent être estimés par mètre cube à fr. 1,50

Le sable est abondant et ne coûte guère que les frais de chargement, soit environ. 0,30
plus les frais de transport à pied d'œuvre, suivant la distance.

Le gravier est aussi très abondant vers l'embouchure de l'oued El Hacq, sur la rive gauche de la baie de Tanger; mais il est la plupart

Cliché Cousin

La principale rue de la ville indigène à Tanger

du temps salé, car la mer le recouvre généralement aux marées d'équinoxe.

On trouve du sable grenu et aussi du gravier dans le lit de la rivière des Juifs, dont l'embouchure se trouve à 20 kilomètres 500 à l'Ouest du port. Ces matériaux peuvent être employés pour les travaux de bâtiment, car ils ne sont pas salés; mais, dans l'état actuel, leur prix de revient vers le port est d'environ 7 francs le mètre cube.

La constitution géologique du sol de Tanger et de ses environs laisse supposer qu'on y peut trouver en abondance les matières premières nécessaires pour la fabrication des matériaux artificiels, chaux, ciment, plâtre, briques, tuiles, etc.; en effet, quelques petits industriels fabriquent déjà de la chaux d'assez bonne qualité, qu'ils vendent, à pied d'œuvre, de 20 à 25 francs le mètre cube.

Quelques briqueteries fonctionnent également, dont une possède une outillage mécanique; mais leurs produits laissent à désirer comme malaxage et cuisson. Le prix du mille de briques, à pied d'œuvre, varie, suivant modèle, de 55 à 65 francs.

L'eau douce se trouve un peu partout; une entreprise la vend en ville à raison de 4 francs la tonne et la fournit en rade à 5 fr. 50.

Les matériaux de provenance européenne se vendent au cours de leur pays d'origine augmenté du fret, soit une majoration de 10 à 20 fr. par tonne, suivant la nature des matériaux et le lieu d'embarquement.

Ces matériaux paient à l'arrivée des droits de débarquement, de magasinage, de douane, etc.; et conformément aux tarifs indiqués ci-dessus; les droits de douane sont de 12,50 % *ad valorem.*

Tanger grand port, port franc, port charbonnier

Nous avons, aux premières lignes de cette étude, esquissé l'avenir commercial du port de Tanger, lorsqu'il aura été aménagé pour donner à son trafic tout l'essor que donne droit d'espérer sa position géographique.

Dans son programme de travaux de première urgence à exécuter au Maroc, M. l'ingénieur en chef Porché s'exprime ainsi, en ce qui concerne Tanger :

« Cette ville doit à sa situation diplomatique et géographique, à son « climat, de pouvoir aspirer à un très bel avenir; elle peut viser à devenir « un port franc, un port charbonnier, et fournir aux bateaux l'eau et « l'alimentation : Gibraltar manque d'eau et, d'ailleurs, est un port à « peu près essentiellement militaire. Elle est située sur une des routes « les plus fréquentées du globe.

« Il semble donc que la construction d'un grand port s'impose.

« Des travaux d'une importance totale de deux millions et demi « environ sont en voie d'achèvement, permettant d'abriter des petits « bateaux; ils pourraient être incorporés dans un grand port et fourni- « raient un abri précieux au matériel destiné à l'exécution de ce port.

« A titre de première approximation, j'ai calculé qu'il faudrait envi- « sager, pour établir ce port, une dépense de 12 à 15 millions, suivant « la solution adoptée. Cette somme serait employée à construire une « digue de protection s'enracinant sur le môle actuel et allant rejoindre « les fonds de 10 à 12 mètres à mer basse. Cette digue aurait environ « 1.500 mètres; elle abriterait un bassin dragué de 30 hectares, que « protègerait vers l'Est, de l'envahissement des sables, une digue basse, « convenablement poussée.

Exportations du port de Tanger

NATURE des MARCHANDISES	MOYENNES DE 1895 A 1899		MOYENNES DE 1900 A 1901		ANNÉE 1905		ANNÉE 1910		ANNÉE 1911	
	Valeur	Tonnage	Valeur	Tonnage	Valeur	Tonnage	Valeur	Tonnage	Valeur	Tonnage
	francs		francs		francs		francs		francs	
Graine d'oiseau	30 250	339	36 045	400	11 925	132	2 375	30	*Détails manquent*	*Détails manquent*
Cire	237 815	72	523 860	175	112 775	8	115 700	35		
Tapis	95 410	48	137 910	69	84 025	42	25 300	13		
Dattes	186 510	534	134 725	385	28 750	82	21 700	63		
Œufs	1 080 567	86	1 729 820	1384	1 998 125	1598	1 128 582	1000		
Volailles	127 985	51	81 890	33	25 925	10	20 150	8		
Poils de chèvre	12 225	10	20 010	17	2 500	2	2 315	2		
Peaux brutes	197 369	116	134 195	80	377 300	222	351 500	230		
Peaux ouvrées	11 368	4	28 500	8	22 500	8	22 375	7		
Articles indigènes	21 825	21	29 093	29	19 575	20	17 400	19		
Bestiaux	1 591 960	3184	2 678 225	5357	1 448 700	2897	1915 150	3886		
Babouches	1 161 445	89	1 581 345	122	2 325 000	179	1 714 310	132		
A reporter	4 754 429	4554	7 115 618	8059	6 457 100	5230	5 336 557	5425		

Exportations du port de Tanger *(Suite)*

NATURE des MARCHANDISES	MOYENNES DE 1895 A 1899		MOYENNES DE 1900 A 1901		ANNÉE 1905		ANNÉE 1910		ANNÉE 1911	
	Valeur	Tonnage	Valeur	Tonnage	Valeur	Tonnage	Valeur	Tonnage	Valeur	Tonnage
	francs		francs		francs		francs		francs	
Reports	4 754 729	4554	7 115 618	8059	6 457 100	5230	5 336 557	5425	*Détails manquent*	*Détails manquent*
Étoffes de laine	396 000	40	858 455	66	824 775	82	351 222	32		
Divers	185 055	185	308 985	309	»	»	»	»		
Peaux de chèvre	411 550	633	621 510	925	840 225	1292	574 615	812		
Laine	35 083	35	»	»	50 000	55	14 310	15		
Espèces	2 961 537	30	1 908 100	19	»	»	»	»		
Liège	21 200	212	»	»	»	»	»	»		
Fenu grec	19 875	132	»	»	»	»	»	»		
Légumes secs	»	»	11 900	40	»	121	9 825	31		
Fûts vides	»	»	52 425	292	36 300	»	»	»		
Totaux des exportations	8 785 029	5825	10 876 993	9710	8 208 400	6780	6 286 529	6315	9 466 842	9 700

Importations du port de Tanger

NATURE DES MARCHANDISES	MOYENNES DE 1895 A 1899		MOYENNES DE 1900 A 1904		ANNÉE 1905		ANNÉE 1910		ANNÉE 1911	
	Valeur	Tonnage	Valeur	Tonnage	Valeur	Tonnage	Valeur	Tonnage	Valeur	Tonnage
	francs		francs		francs		francs		francs	
Sacs vides	21 708	1	»	»	»	»	»	»	»	»
Briques et tuiles	151 210	5009	242 280	10538	498 075	21650	212 225	9932	130 000	»
Bougies	171 875	215	188 160	235	96 625	121	141 550	177	143 518	179
Chechias	1 650	1	»	»	»	»	»	»	»	»
Chaux, ciment et plâtre	28 000	356	»	»	767 025	5400	240 500	2335	141 028	347
Produits chimiques	74 090	74	68 145	68	67 025	67	59 775	60	21 601	21
Draps et lainages	571 985	143	760 000	190	654 675	164	1 089 715	272	517 400	»
Houille	50 635	1633	71 995	2377	97 275	3242	101 875	3396	52 374	1478
Café	121 740	122	91 735	92	130 800	131	179 325	180	136 850	140
Laiton et cuivre	29 650	16	»	»	»	»	»	»	8 000	5
Coton apprêté	3 318 685	553	2 934 845	489	2 636 075	439	2 908 975	408	581 570	97
Coton brut	70 840	16	25 787	5	»	»	»	»	»	»
Poterie, porcelaine	49 095	1227	100 865	2522	142 700	3718	95 700	2393	145 222	3631
Bois, charbons, planches	146 615	1832	174 500	2181	184 550	2308	199 875	2498	50 800	635
Teinture, cochenille	35 233	35	»	»	»	»	»	»	»	»
Armes à feu	9 375	6	»	»	»	»	»	»	»	»
Farines et semoules	440 220	1467	463 510	1345	1 934 775	6449	408 175	3027	1 018 404	3395
Meubles	85 645	343	218 320	853	322 175	1249	220 350	831	105 000	400
Verreries et cristaux	86 175	861	199 240	1992	182 175	1822	212 475	2125	128 287	384
Denrées coloniales	198 740	199	446 650	447	560 200	550	682 500	683	450 050	116
Gomme, benjoin	13 062	9	»	»	»	»	»	»	10 000	7
Quincaillerie et ferronnerie	187 700	781	331 925	2128	1 312 815	4351	1 011 450	4042	294 743	1179
Peaux	1 800	1	»	»	»	»	»	»	»	»
Parfumerie	17 200	11	»	»	38 250	22	32 925	22	98 635	60
Toile ouvrée	3 000	1	»	»	»	»	»	»	»	»
Allumettes	53 545	63	65 860	75	43 604	51	48 075	57	38 637	45
A reporter	5 903 473	14975	6 378 817	25537	9 668 814	31734	8 245 465	32438	4 042 179	12089

Importations du port de Tanger (*Suite*)

NATURE DES MARCHANDISES	MOYENNES DE 1895 A 1899		MOYENNES DE 1900 A 1904		ANNÉE 1905		ANNÉE 1910		ANNÉE 1911	
	Valeur	Tonnage	Valeur	Tonnage	Valeur	Tonnage	Valeur	Tonnage	Valeur	Tonnage
	francs		francs		francs		francs		francs	
Reports	5 903 473	14 975	6 378 817	25 537	9 668 819	51 734	8 245 465	32 438	4 042 179	12 089
Huiles végétales	148 415	182	156 075	195	416 275	520	379 030	473	180 000	240
Huiles minérales, pétroles	43 845	292	53 285	355	86 325	575	100 925	673	94 969	633
Couleurs	50 060	8	96 705	15	110 150	18	163 025	27	49 000	9
Soieries ouvrées	377 900	19	628 985	31	387 500	17	378 225	19	240 209	15
Soieries brutes	114 600	8	387 200	25	63 750	4	161 850	11	90 103	6
Poivre, aromates, épices	43 310	43	96 180	96	67 000	67	61 925	62	39 908	40
Papeterie	64 150	43	128 245	35	182 925	122	248 475	192	103 483	89
Sucre en poudre, cassonade	58 775	168	26 925	77	»	»	»	»	»	»
Sucre en pains	466 580	1165	811 095	2028	698 000	1745	596 350	1490	690 459	130
Thé	472 315	315	580 470	387	395 575	254	208 475	139	154 852	30
Tabacs	271 975	90	323 635	108	319 950	107	710 000	237	129 379	43
Vins et spiritueux	306 930	1228	325 820	1302	619 000	2475	572 475	2290	475 109	1900
Divers	365 540	365	667 325	668	»	»	»	»	»	»
Etain	33 705	13	3 950	2	»	»	»	»	»	»
Numéraire	3 878 540	19	1 388 175	7	»	»	»	»	»	»
Fruits et légumes	»	»	252 393	861	257 075	357	355 525	485	»	»
Totaux des importations	12 600 113	18933	12 305 180	31729	13 272 344	57996	10 164 262	31432	12 826 902	39415
Report des exportations	8 785 029	5821	10 876 993	9710	8 208 400	6780	6 286 529	6315	9 166 842	9700
Total général	21 385 142	24754	23 182 173	41439	21 480 744	62776	16 450 791	37747	21 993 744	49115

Mouvement de la navigation dans le port de Tanger

comparé à celui des ports principaux de la côte algéro-tunisienne

ANNÉES	TANGER		ORAN		ALGER		TUNIS		SFAX	
	Navires Entrées et sorties réunies		Navires Entrées et sorties réunies		Navires Entrées et sorties réunies		Navires Entrées et sorties réunies		Navires Entrées et sorties réunies	
	Nombre	Tonnage	Nombre	Tonnage	Nombre	Tonnage	Nombre	Tonnage	Nombre	Tonnage
1881	?	?	2 007	578 942	2 962	1 291 166	1 700	600 000	500	?
1886	1 400	300 000	2 657	1 140 809	4 276	2 369 345	2 000	850 000	?	?
1891	1 800	450 000	3 723	1 968 729	5 508	3 147 882	2 250	930 600	?	?
1896	2 319	644 586	3 816	2 019 505	7 816	6 653 328	2 700	1 186 000	3 286	414 903
1898	2 056	783 034	3 616	1 529 970	8 151	6 867 341	3 100	1 250 000	4 750	555 100
1899	2 088	717 180	4 333	2 483 655	8 206	6 661 284	3 250	1 300 000	5 894	635 100
1900	2 672	847 834	3 998	2 206 089	7 932	6 937 737	3 400	1 450 000	6 800	737 300
1901	2 336	956 518	4 149	2 470 336	7 494	6 082 532	3 600	1 677 644	5 600	759 700
1902	2 156	826 148	4 478	3 029 789	8 558	7 834 820	3 725	1 800 000	6 200	952 000
1903	2 292	873 608	4 915	3 025 066	10 598	10 685 283	3 650	1 875 000	5 900	1 012 061
1904	2 588	1 194 692	5 753	3 613 721	8 989	8 154 514	3 550	1 950 000	7 000	1 087 170
1905	3 438	1 627 246	6 742	4 038 797	10 379	11 302 905	3 500	2 000 000	6 844	1 303 328
1906	3 692	1 732 618	6 192	4 013 163	10 817	1 2006 083	3 510	2 030 460	7 022	1 398 953
1907	3 028	1 537 335	6 102	4 589 814	11 827	14 307 549	3 820	2 197 624	6 232	1 483 573
1908	3 072	2 106 174	6 887	5 650 874	10 834	11 110 158	?	?	?	?
1909	3 152	2 647 000	7 217	5 980 752	11 445	14 180 900	4 422	2 995 713	?	?
1910	3 520	3 020 418	7 219	6 439 322	11 956	15 848 482	4 438	2 918 077	?	?
1911	2 952	1 575 617	?	?	10 120	12 507 100	4 513	3 169 414	?	?

« Les travaux entraîneraient la conquête d'environ 50 hectares de « terrains sur la mer, qui seraient en grande partie remblayés avec les « produits de dragages refoulés directement en arrière; 20 hectares « pourront être réservés au port et aux voies d'accès, 30 hectares pour« ront être vendus.

« En admettant qu'ils ne vaillent, en moyenne, que fr. 20 le mètre « carré, chiffre très bas, la valeur représenterait 6.000.000 de francs.

« Resterait à trouver la garantie de 6 à 9 autres millions, soit une « annuité de fr. 300.000 à 500.000, suivant le chiffre et le taux d'intérêt, « lequel pourrait résulter d'une adjudication.

« En admettant que l'exploitation et l'entretien coûtent fr. 100.000 « par an, ce qui est un maximum, il faudrait assurer au port un revenu « de fr. 500.000 à 600.000.

« Ce revenu serait acquis facilement, et très probablement dépassé, « même avec le seul trafic actuel, et ce trafic s'accroîtra d'une manière « énorme par le fait seul de la réalisation des travaux; on doit donc « escompter des bénéfices sérieux, et la marge est assez large pour parer « au cas de mévente des terrains. »

Tanger, a dit Onésime Reclus, peut aspirer au rang de ville mondiale; ville angulaire du continent d'Afrique, vis-à-vis du continent d'Europe, sur la route du continent d'Asie, elle n'a guère de rivale sur terre. A peine pourrait-on lui comparer Carthagène des Indes, qui fut si glorieuse, à son site angulaire de l'Amérique du Sud; encore faudrait-il qu'à la place de l'isthme de Panama s'ouvrit un détroit, et qu'au loin, vers l'Orient, au lieu des Antilles, se levât un continent massif comme l'Asie.

Tanger peut devenir aussi une station hivernale et de plaisance de premier ordre, la Monaco africaine, grâce à la beauté du site et de son climat, préférable à celui si justement vanté du littoral algérien, avec des hivers plus secs et des étés rafraîchis par les grandes brises de l'Océan.

En comparant le développement si rapide des grandes cités de l'Afrique du Nord, Alger, Oran, Tunis, durant ce dernier quart de siècle, il n'est pas téméraire d'affirmer que, du jour où seront entrepris le grand port et ses voies de pénétration dans l'hinterland, il ne faudra pas vingt ans à Tanger pour se développer dans les mêmes proportions.

Tanger peut et doit devenir la tête des lignes de pénétration dans l'empire chérifien et des voies de raccordement avec le réseau algérien; à Tanger doivent embarquer et débarquer toutes les marchandises d'importation et d'exportation, en provenance ou à destination de l'hinterland de Fez.

Malgré les rudimentaires ouvrages de son port actuel, qui ne permettent à aucun navire, de si faible tonnage qu'il soit, de faire la moindre opération à quai, le port de Tanger acquiert chaque jour une importance plus grande au point de vue du tonnage; parmi les ports du littoral de l'Afrique septentrionale, il occupe, au point de vue du nombre des navires

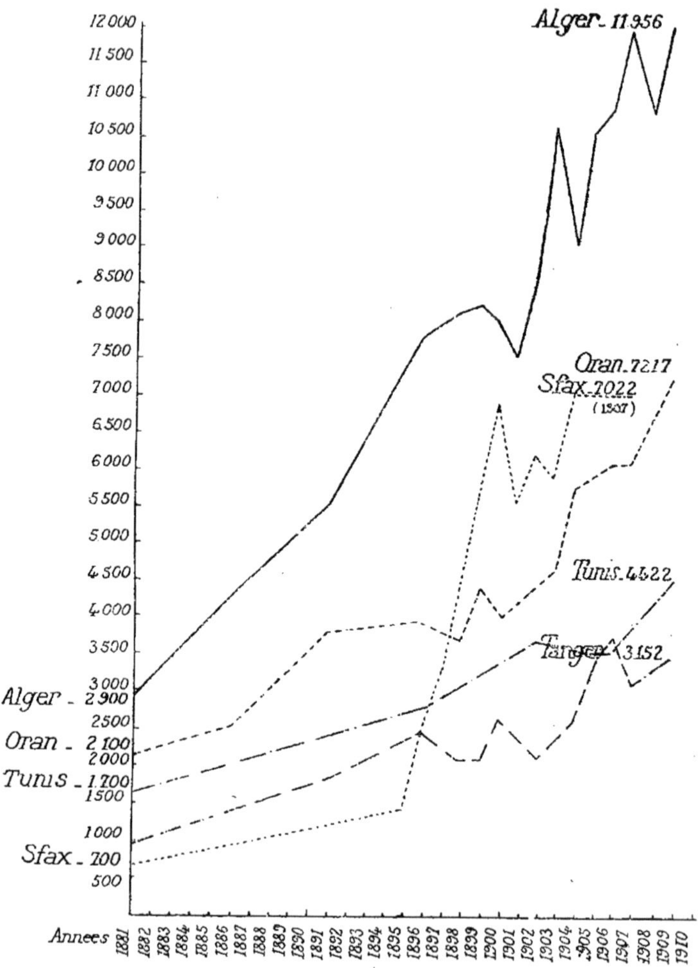

Mouvement de la navigation dans les principaux ports de l'Afrique du Nord, Tunisie, Algérie, Maroc.

qui le fréquentent annuellement, tant à l'entrée qu'à la sortie, plus de 3.000 navires et 2.300.000 tonnes de jauge, à peu près le même rang que Tunis, qui occupe le quatrième.

Les tableaux graphiques intercalés montrent qu'il ne faut reculer que de 25 années, à 1885, pour comparer Tanger avec Alger, dont le port, à cette époque, était fréquenté par 3.000 navires jaugeant 2.000.000 de tonnes, faisant sur place un trafic commercial de 350.000 tonnes de marchandises, avec un mouvement de voyageurs de 60.000 à l'arrivée et de 48.000 au départ.

A la même époque, le port d'Alger offrait au séjour des navires :

un plan d'eau d'une superficie d'environ	87 hectares;
une longueur de quai de	1.736 mètres;
une surface de terre-pleins de	33.320^{m2}.

Le tout avait nécessité une dépense de construction de 46.265.234 fr.

Quant au port de Tunis il est aujourd'hui fréquenté par un nombre de navires (4.500) supérieur à celui de Tanger (3.000); ces 4.500 navires jaugent 3.170.000 tonneaux, avec un trafic commercial de 1.375.750 tonnss et un mouvement de voyageurs de 75.000, le tout procurant à l'exploitation une recette brute de fcs 2.000.000. Son bassin principal, avec son annexe de la Goulette, offrent aux navires un plan d'eau d'une superficie de 35 hectares, qu'on projette de porter prochainement à 70;

un développement de quais de	1.500 mètres;
qu'on projette d'allonger à	4.500 mètres;
une surface de terre-pleins de	160.000 m. carrés
qui atteindra sous peu	750.000 m. carrés
Le tout correspond à une dépense déjà faite de	16.000.000 de francs
elle atteindra, dans un avenir prochain,	35.000.000 de francs

Or, Alger et Tunis, moins bien placés, Tunis, notamment, que Tanger, sur la route des navires, sont devenus des ports de *transit*, de *ravitaillement*, de *relâche*, et des *stations* de *charbonnage*.

Il entre et sort aujourd'hui, par an, dans les eaux d'Alger, près de 12.000 navires, jaugeant environ 15 millions de tonneaux et faisant un trafic commercial de 3.000.000 de tonnes, dans lequel le charbon entre pour 50 %, et enfin 104.000 passagers à l'entrée et 100.000 à la sortie.

Ce port occupe, pour l'effectif des marchandises, le quatrième rang parmi les ports de France, et, au point de vue du tonnage, le deuxième rang.

Alger a donc mis une vingtaine d'année seulement pour donner à son port l'importance commerciale qu'il vient d'atteindre et pour créer son outillage.

Pourquoi Tanger, qui est géographiquement mieux situé, ne pourrait-il espérer un développement aussi rapide, et même un avenir meilleur?

Remarquons enfin que le port de Tanger se trouve merveilleusement placé pour devenir *port franc*, ou plus simplement port avec zones franches.

Qu'est-ce, en effet, qu'un port franc?

C'est un port où, indépendamment de toutes autres facilités inhérentes à tout grand port moderne, les capitaines de navires ont le privilège d'être indemnes de toutes formalités, de tous droits de douane, pour certaines marchandises en transit.

Ces marchandises sont débarquées sur une partie des quais dénommée *zone franche.*

Il suit de cette définition qu'un port franc n'a de raison d'être qu'en un lieu maritime.

Un lieu de transit est l'endroit où se croisent plusieurs routes fréquentées conduisant à des destinations différentes.

Or le port de Tanger possède cette particularité dans de telles conditions qu'on ne saurait peut-être trouver son équivalent, sous ce rapport, sur toute la surface du globe.

Tanger est, en effet, le lieu où se confondent dans les mêmes eaux :

1° La route du Nord-Europe vers les Indes, par Suez;

2° La routes des ports méditerranéens vers l'Afrique Occidentale et l'Amérique du Sud;

3° La route qui va s'ouvrir, et qui déplacera peut-être l'axe du commerce maritime, c'est-à-dire la route « du tour du monde » avec l'itinéraire : Pacifique, Méditerranée, Indes, Extrême-Orient.

Qu'on examine, en effet, la carte du monde, et l'on remarquera qu'il n'existe nulle part un port comparable à celui de Tanger, au point de vue du transit des grandes lignes de navigation.

Tanger répond donc de tous points à cette première condition de l'ouverture d'un port franc.

Voyons maintenant comment le commerce et l'industrie utilisent un point de transit et en tirent profit.

Le point de transit est le lieu choisi par le commerçant pour la distribution et la réexpédition de marchandises ayant des destinations différentes.

Soit un négociant transportant de l'Amérique du Sud une cargaison : 1° de café, à destination des ports méditerranéens; 2° de coton, destiné à l'un des ports de l'Europe du Nord; que devra-t-il faire logiquement? Il se dirigera sur le point où transite la voie donnant accès à la Méditerranée; là il déchargera ses cafés en vue de leur réexpédition, et il continuera sa route vers les ports cotonniers. Mais il va trouver un avantage à toucher le port de transit où, par définition, fréquentent d'autres lignes de navigation, celui de pouvoir échanger sa cargaison de café contre telle autre marchandise ayant subi elle aussi une rupture de charge pour une raison analogue de réexpédition, ou spécialement accumulée, en ce point, en vue de son expédition. Ce seront par exemple des riz en provenance des Indes, dont une partie était destinée à l'Europe, et l'autre à l'Afrique Occidentale, ou encore des blés tirés des pays voisins accumulés au point de transit en vue d'être dirigés, suivant les besoins, sur les marchés les plus avantageux.

En un mot, le port de transit est le carrefour où se dirige le commerce de transport, dans le double but de distribuer et d'échanger ses cargaisons; c'est la plaque tournante du commerce maritime.

Mais l'industrie sait utiliser aussi les points de transit aussi bien que le commerce; elle le fait en combinant les matières premières de provenances diverses, en vue de l'obtention d'un produit secondaire, comme le minerai de fer et la houille, en vue de la production de la fonte; elle peut avoir comme objectifs de simples mélanges, comme par exemple celui de cafés d'Arabie avec ceux du Brésil. Le lieu de transit est le point de rencontre des matières à combiner ou à mélanger.

L'industrie choisira encore le lieu de transit, de préférence à tout autre, parce qu'elle est, au centre des routes qui conduisent sur les principaux marchés du monde, à portée par conséquent de ses principaux débouchés. Enfin, on ne saurait parler industrie sans toucher à la question houille; or, le port de transit est, par définition, un port charbonnier où abonde, par conséquent, cet aliment indispensable de la vie industrielle; et répétons ici que le commerce du charbon représente actuellement la moitié du trafic total du port d'Alger.

Tanger répond-il à toutes les données du problème qu'implique la création d'un port franc ?

Comme point de transit, nous avons vu que sa situation est incomparable.

Il y a plus.

Un port franc doit offrir des fonds marins, un abri, un développement de quais, en rapport avec le tonnage des flottes qu'il attire.

La rade de Tanger, sous ce rapport, ne laisse rien à désirer. L'outillage du port pose une question de capitaux facile à résoudre.

Le port franc doit trouver un ravitaillement facile dans le pays environnant. La richesse agricole du Maroc peut satifsaire à toutes les exigences sous ce rapport.

Un port franc, pour attirer les industries, doit pouvoir offrir une main-d'œuvre abondante; les populations indigènes sont, à cet égard, une merveilleuse ressource.

Les richesses minières de la région montagneuse du Nord du Maroc, bien qu'encore peu connues, et celles du Sud de l'Espagne, assurent, d'autre part, un nouvel élément aux industries métallurgiques.

Le climat lui-même se prête à la conservation, sans frais, des marchandises que le port franc abrite dans ses entrepôts.

Enfin, il n'est pas jusqu'à la situation internationale que paraît devoir conserver Tanger qui ne la désigne vraiment, d'une façon frappante, à la création de ce vaste entrepôt mondial et cosmopolite qu'est un port franc, de libre accès, de libre échange, où quiconque trafique et produit peut se considérer comme chez soi, à quelque nationalité qu'il appartienne.

Quant au gouvernement marocain, le plus beau cadeau qu'on puisse faire à sa douane de Tanger serait, sans contredit, la création sur ce point d'un centre commercial et industriel tel, que la ville de Tanger et le pays environnant verraient leurs importations et leurs exportations passer de 1 à 100, et les bénéfices en résultant augmenter dans une semblable proportion.

Conditions essentielles d'un grand port

Un grand port ayant pour principal objectif d'abriter et desservir les navires qui lui sont destinés, on est logiquement amené à étudier tout d'abord les dimensions des grands navires modernes, et à supputer celles qu'ils atteindront dans un prochain avenir.

Les conditions à remplir aujoud'hui par un grand port doivent satisfaire, d'une part, aux exigences toujours croissantes du commerce international, et, d'autre part, à celles non moins impérieuses d'une architecture navale sans cesse en progrès; et, puisque tout programme d'exécution pour des travaux de cette nature doit forcément se répartir sur une période de 8 à 10 ans, cette deuxième partie du problème doit être complétée par la suivante : quelles sont les conditions que l'on doit entrevoir dès à présent comme indispensables pour un grand port, d'ici 15 à 20 ans, afin qu'une fois réalisées ces diverses améliorations ne soient pas trop tôt démodées ?

Quel devrait être, dans cet ordre d'idées, le moyen de constituer à tout grand port une vie propre et véritablement autonome, directement liée aux intérêts régionaux auxquels il doit satisfaire ?

Quel est, en somme, le moyen de le mettre à même de se développer progressivement au fur et à mesure de ses besoins nouveaux ?

Examinons d'abord la première question, et voyons dans quelles mesures les dimensions des navires diffèrent aujourd'hui de ce qu'elles étaient autrefois.

Si nous remontons de 80 années en arrière, nous consatons que le plus grand vapeur à flot, en 1826, était un vapeur à aubes de 500 tonneaux, munis d'une machine de 200 chevaux; il faisait un service régulier entre Londres et Leith.

Dix ans plus tard, en 1838, le « Great Western », de 1.340 tonneaux, démontra pour la première fois la possibilité d'un service à travers l'Océan Atlantique.

Il fit, pendant de longues années, le service entre Bristol et New-York, en 14 jours.

Enfin, en 1845, on voit apparaître le « Great Britain », de 2.984 tonneaux, qui fut le premier grand transatlantique en fer de la marine marchande. Il était muni d'une hélice et marquait à son tour un progrès très important sur le passé.

Mais ce n'est que plus tard, et particulièrement depuis une trentaine d'années, que les progrès de l'architecture navale ont suivi une marche pour ainsi dire accélérée, pour aboutir dernièrement aux dimensions colossales des deux bateaux à turbines, l'« Olympic » et le « Titanic », dont les principales caractéristiques sont les suivantes :

Longueur, 1.200 pieds, soit	320 mètres
Largeur, 100 pieds, soit	30 mètres
Tirant d'eau en pleine charge, 37 pieds, soit	11,70 mètres
Déplacement	45.000 tonnes
Vitesse	26 nœuds
Puissance en chevaux indiqués,	85.000 chevaux

Il suffira, pour se convaincre de la rapidité des transformations, d'examiner le tableau suivant, dans lequel on a mis en relief les caractéristiques d'un certain nombre de navires, considérés comme les plus perfectionnés et les plus puissants, à l'époque de leur construction.

L'examen de ce tableau permet aussi d'entrevoir les transformations nouvelles auxquelles on peut s'attendre d'ici 15 à 20 ans, si toutefois l'architecture navale continue la même progression et si, de leur côté, les ouvrages maritimes suivent un développement parallèle à ce mouvement.

Proportionnellement, les dimensions des très grands navires, vers 1920 ou 1925, seraient d'environ 300 à 350 mètres de longueur, 30 à 35 mètres de largeur et 13 à 15 mètres de tirant d'eau.

Si d'ailleurs on recherche qu'elles sont les grandes préoccupations qui dominent, dans les grands centres maritimes, on rencontre partout les mêmes courants d'idées et des projets correspondants.

Le canal de Suez, par exemple, qui fut inauguré en 1869, et dont le tirant d'eau était de 7 mètres à l'origine, a dû depuis être approfondi et élargi à plusieurs reprises. Son tirant d'eau qui, jusqu'à ces derniers temps, était encore de $8^{m}23$, a été porté depuis 1908 à une profondeur de mouillage de $9^{m}50$.

Caractéristiques des grands navires

NAVIRES ET COMPAGNIES	Dates de mise en service	Longueur entre perpendiculaires	Largeur de la coque	Creux	Tirant d'eau	Tonnage brut	Puissance	Vitesse	Propulseurs	Observations
		Mètres	Mètres	Mètres	Mètres	Tonnes	Chevaux	Nœuds		
Great-Western (G. W et Cie) ...	1838	63	10,77	7,08	6,08	1 340	750	»	roues	En bois
Britania (Cunard)	1840	63,20	10,45	6,80	»	1 150	740	8	»	»
Hibernia id.	1843	64	10,90	7,35	»	1 422	1 040	9	»	»
América id.	1848	76,50	10,70	8	»	1 825	2 000	10	»	»
Asia id.	1850	81	12,20	8,30	»	2 225	2 400	12	»	»
Persia id.	1855	114,50	13,80	9,60	»	3 300	4 000	13	»	En fer
Great-Western (E.St.).........	1859	207,50	25,30	17,70	9,15	»	»	12	roues et hélice	»
Washington (G.G.T.)..........	1864	105	13,40	9,31	7	3 300	3 000	13	1 hélice	»
Amérique id............	1865	120	13,40	11,57	7,30	4 000	3 400	12,50	»	»
Océanic (Withe-Star)	1871	128	12,40	9,45	»	3 600	3 000	14,50	»	»
Britannic id.	1874	139	13,70	10,10	7,15	5 000	5 500	15	»	»
Arizona (Guion)	1879	137	13,77	11,43	6,70	5 147	6 300	16	»	»
Umbria (Cunard)	1884	152	17,35	12,19	»	8 000	14 300	18,50	»	En acier
Champagne (C.G.T.)...........	1885	150	15,70	11,70	7,30	7 277	7 000	16	»	»
Touraine id.	1890	157	17,10	11,80	7,53	8 600	12 000	18	2 hélices	»
Campania (Cunard)	1893	183	19,80	12,65	7	1 2900	30 000	29,50	»	»
Kaiser Wilhem (Nord-L.)	1897	191	20,40	13,40	8,55	1 4349	28 000	21,50	»	»
Oceanic (White Star)	1899	209	20,80	13,50	9,91	1 7272	27 000	17	»	»
Baltic id.	1904	216	23,01	16	10	2 3870	24 000	17	»	»
Provence (C.G.T.)	1906	183,50	19,80	11,65	8,15	1 3750	30 000	21	»	»
Lusitania et Mauritania (Cunard)	1907	232	26,80	18,40	11,30	3 2500	70 000	24	4 hélices	Turbines Parsons
Olympic et Titanic (White Star)	1909	320	30	19	11,70	4 5000	85 000	26	»	»

M. Alby, ingénieur en chef des ponts et chaussées, dans un très intéressant mémoire, sur le port de Marseille, fait ressortir qu'on travaille à réaliser sur le canal de Suez un mouillage de 10m50, et il est probable que, dans un avenir qui n'est pas très éloigné, le canal de Suez sera ouvert à des navires de 12 mètres de tirant d'eau.

Citons encore, en Méditerranée, le nouveau bassin du port de Gênes, construit avec une profondeur de 12 mètres d'eau.

De quelque côté que l'on regarde, on aperçoit le même mouvement.

La Chambre de Commerce de Bordeaux a approuvé le projet de création d'une escale accessible à toutes marées aux navire de 12 mètres de tirant d'eau.

Anvers, qui est accessible à toute heure de marée aux grands navires, après avoir exécuté dans l'Escaut 5 500 mètres de quais avec 8 mètres de tirant d'eau, a fait étudier un projet grandiose dit « de la grande coupure », qui comporte la rectification du fleuve en aval de la ville et l'établissement d'un immense bassin-canal, parallèle au nouveau lit, dans lequel viendront déboucher une série de bassins séparés, exécutés au fur et à mesure des besoins. Ce projet, vraiment caractéristique de ce que l'on peut prévoir pour l'avenir, tient compte, non seulement des nécessités du présent, mais prépare les mesures nécessaires pour satisfaire largement tous les besoins futurs. Il est évident que les bassins prévus ne seraient pas tous utiles, dès le début, aussi ne creusera-t-on que ceux qui sont immédiatement nécessaires; mais, au fur et à mesure que ceux-ci deviendront insuffisants, on n'aura aucune difficulté à en établir d'autres, puisque tout aura été prévu pour cela.

A Hambourg, dont le développement dans les 25 dernières années a été extraordinaire, après avoir dépensé 300 millions de 1880 à 1897, suivant un programme tracé longtemps à l'avance, on vient d'exécuter récemment pour 50 millions de nouveaux travaux et on a entrepris des dragages dans le fleuve pour créer, sur 22 kilomètres de longueur, un chenal de 200 mètres de largeur sur 10 mètres de profondeur à marée haute.

Rotterdam, qui menace la suprématie d'Anvers, a fait des progrès remarquables. Les travaux de la nouvelle Meuse ont coûté 76 millions et ceux des nouveaux bassins 74 millions.

L'Angleterre ne reste pas en arrière. Elle vient de créer de toutes pièces le nouveau port de Douvres, avec un mouillage de 12 mètres sous zéro. Elle a creusé, à 12m50 sous zéro, le chenal d'accès au port de Southampton; elle a mis en service dans ce port, en 1905, une cale de radoub de 260 mètres de longueur, et en construit une autre de 330 mètres en vue de recevoir les nouveaux transatlantiques, « Olympic » et « Titanic », dernièrement mis en service par la White Star Line.

A Liverpool on a dragué, depuis 1899, plus de 40 millions de mètres cubes pour approfondir le chenal extérieur, et on vient de faire construire une énorme drague à succion capable de draguer à 40 pieds sous les plus basses eaux.

Le canal de Kiel avait été construit avec 22 mètres de largeur au plafond et un mouillage de 9 mètres; il va être élargi à 44 mètres et creusé à 11 mètres, et le projet prévoit que le mouillage pourra être porté à $13^{m}50$ ou 14 mètres sans trop de dépenses. Les écluses vont être refaites pour donner passage à des bateaux de 300 mètres de longueur et 12 mètres de tirant d'eau.

Si nous passons en Amérique, on trouve 40 pieds, soit 12 mètres d'eau, à marée basse, dans le chenal Est de New-York.

Les écluses du canal de Panama seront construites avec une profondeur d'eau de $12^{m}20$.

En Argentine, au Brésil, dans l'Uruguay, les nouveaux grands ports en construction n'auront pas moins de $9^{m}50$ à 10 mètres d'eau sous zéro.

Après le résumé que nous venons d'exposer, il ne semble plus y avoir de doute sur la première question que nous nous étions posée, la nécessité d'augmenter les dimensions des formes et quais destinés aux navires modernes est partout envisagée comme le point primordial par toutes les différentes autorités maritimes qui paraissent avoir admis, pour les dimensions des navires, les chiffres suivants :

300 à 350 mètres pour la longueur;
30 à 35 mètres pour la largeur;
12 à 13 mètres de tirant d'eau.

Maintenant que nous avons examiné les récents progrès de l'architecture navale, et escompté dans une certaine mesure son développement prochain, nous devons considérer qu'un grand port moderne doit avant tout être situé en eau profonde, de manière qu'en tout temps les navires puissent y évoluer avec assez d'eau sous leur quille et se placer immédiatement le long d'un quai, à proximité d'une gare maritime, de manière à supprimer toute incommodité pour voyageurs et marchandises.

Certains quais d'escale transatlantique sont, dès à présent, construits avec 10 à 12 mètres d'eau à leur pied. Mais, en vue des nécessités d'un avenir prochain, il ne semble pas qu'on doive en fonder aujourd'hui à moins de 14 à 15 mètres, de manière à être en mesure de satisfaire largement aux tirants d'eau d'environ 13 mètres envisagés déjà dans l'architecture navale.

En dehors d'un quai d'escale indispensable aux services des lignes transatlantiques, un grand port doit être muni de toute une série d'autres quais appropriés aux divers genres de navigation et de trafic. La partie de ces quais destinée aux grands paquebots doit, autant que possible, être accessible à toute heure, afin que les navires ne s'y trouvent pas emprisonnés jusqu'à ce que la marée haute leur permette d'évoluer. D'autres parties du port doivent au contraire être disposées pour le cabotage et la batellerie.

Il est en outre indispensable que tous ces quais soient munis de l'outillage nécessaire à la manutention rapide et facile des marchandises, et qui comprend les grues, pontons, mâtures, cabestans et transbordeurs électriques, ainsi que des chaussées et voies ferrées permettant l'accès de toutes ses parties, sans oublier les hangars, magasins, entrepôts, gares, de triage, etc. Un grand port doit aussi posséder un bassin spécial, suffisamment isolé, pour la réception du pétrole et, d'une façon générale, de toutes les marchandises dangereuses.

Il doit être également pourvu d'installations convenables pour la réparation et la visite des navires, si l'on considère de grands paquebots de 300 à 330 mètres de longueur, de 30 à 35 mètres de largeur et de 12 à 14 mètres de tirant d'eau, on se rend aisément compte de l'importance que peuvent prendre de pareilles installations. Les bassins de radoub sont en effet indispensables à l'existence des navires et, partant, à la vie d'un port. Cette considération a provoqué d'ailleurs récemment de toutes parts une vive inquiétude, pas suite du retard où l'on se trouve dans beaucoup de ports en ce qui concerne les moyens de réparations des nouveaux navires.

Il faut enfin que les programmes d'ensemble soient toujours conçus sur un plan suffisamment vaste au point de vue des emprises et des grandes lignes, sauf à les exécuter seulement au fur et à mesure des ressources et des besoins; il faut surtout que ces programmes d'ensemble prévoient toujours la possibilité de nouvelles extensions si l'on ne veut pas être constamment en retard et dépenser doublement.

Dès que la structure physique et les conditions techniques du port ont été bien prévues et fixées de manière à satisfaire à toutes les nécessités présentes et prochaines de la grande navigation, il reste alors à envisager le problème à son point de vue industriel et économique.

A ce point de vue, un port moderne n'est en réalité qu'une véritable usine de manutention, un organisme de suture entre les voies ferrées et les grandes routes maritimes. La valeur de cet organisme ne réside pas seulement dans la possibilité de recevoir les plus grands navires, mais aussi et surtout dans la disposition même des installations, dans le perfectionnement de l'outillage et dans la rapidité de toutes les opérations de transit, qu'il s'agisse de marchandises ou de voyageurs.

Cette nécessité de rapidité est d'ailleurs rendue de plus en plus urgente par les conditions économiques de la navigation. Chaque grand vapeur représente aujourd'hui un capital beaucoup trop important et des dépenses journalières beaucoup trop élevées pour qu'il puisse rester inactif. Sa raison d'être est dans le voyage et sa rémunération dans le fret. Le temps de l'escale doit donc être réduit au minimum, aussi bien dans l'intérêt de l'armement qu'au profit du commerce, qui peut espérer ainsi de meilleures conditions. C'est aussi l'intérêt du port lui-même qui, mieux organisé et plus puissamment outillé, pourra suffire aux opérations mêmes d'un tonnage en un temps plus court, et, de ce fait, gagner en production annuelle sans augmenter ses dépenses de premier établissement.

Bref, une organisation industrielle bien appropriée procurera sans aucun doute au commerce et à l'armement des avantages de toute sorte; elle permettra même, dans certains cas, d'abaisser les tarifs du port et d'attirer ainsi un plus grand courant de marchandises.

Si l'on considère ensuite la zone plus particulièrement commerçante du port, où se font les opérations d'embarquement et de débarquement des marchandises, on devrait rechercher les solutions les plus pratiques, comme par exemple la disposition des wharfs américains, tout en donnant peut-être à la construction de ces ouvrages un caractère moins précaire. Cette disposition, quand elle est applicable, présente la grande supériorité de procurer un plus grand développement de quai pour une même longueur de rive; elle a d'ailleurs été récemment adoptée dans les projets d'agrandissement de divers ports importants, notamment à Anvers. Le navire profite alors d'une grande simplification dans l'une au moins de ses manœuvres, soit à l'arrivée soit au départ, si l'on donne à ces wharfs une certaine obliquité vers l'entrée du port. Il en résulte aussi et tout naturellement de très grands avantages dans la dispositiou des voies ferrées, par la suppression des plaques tournantes, toujours fort incommodes, et leur remplacement par des courbes accessibles aux wagons en rames complètes.

Pour favoriser les opérations des navires, aussi bien à l'embarquement qu'au débarquement, et éviter l'encombrement, il faut aussi prévoir, en arrière des quais, des surfaces de terre-pleins suffisamment larges. On admet, en général, dans cet ordre d'idées, que l'on doit pouvoir disposer, pour un travail intensif, d'une largeur d'environ 70 mètres, pouvant atteindre jusqu'à 150 mètres, rien que pour les quais, voies ferrées, magasins, dépôts à ciel ouvert et chaussées.

Une autre préoccupation, tout à fait capitale dans l'étude de l'aménagement industriel d'un port, doit également consister dans l'accès facile de chacune de ses parties. Il importe, en effet, d'assurer autant que possible leur indépendance respective au point de vue de la circulation par voie ferrée ou par voie charretière, afin d'éviter tout encombrement, et d'obtenir ainsi une séparation systématique des principaux courants de marchandises.

La liaison entre le navire et la voie ferrée ne doit pas exister seulement sur le papier et pour la forme; il faut que ce soit au contraire une liaison effective et intime, qui permette d'assurer le mouvement des wagons par trains complets. Il ne sa'git donc pas simplement d'une ou deux voies placées le long d'un quai, mais bien d'un véritable réseau qui, si l'on y comprend les voies d'opérations et de stationement, les voies d'évitement, de garage et de circulation, les voies de triage et les voies de grues, peut facilement représenter 10 à 20 kilomètres de voie ferrée par kilomètre de quai, lorsqu'il s'agit d'une installation outillée pour un trafic très important.

Le manque d'unité de vues entre les divers services de l'Administration d'un port peut présenter l'inconvénient grave de ne permettre l'étude de son aménagement et de son outillage qu'une fois la construction achevée. Il semblerait cependant indispensable d'adapter, dès le début, la disposition des installations à leur destination véritable. L'aménagement d'un port à minerai, comme Bilbao, par exemple, n'a rien de commun avec celui de Marseille, où passent des marchandises de toutes catégories et beaucoup de voyageurs. Les ports à céréales des grands lacs de l'Amérique du Nord et ceux de l'Argentine sont disposés tout autrement que des ports à charbon comme Cardiff ou Newcastle. Il faut, en résumé, approprier le port, et souvent même chaque partie du port, au rôle économique qu'on veut lui faire remplir, de manière à toujours assurer aux opérations le maximum de rapidité et d'économie.

Si l'on passe maintenant à l'examen des moyens de carénage ou de réparation des navires, il semble alors que l'on doive toujours chercher à réunir dans une même partie du port les bassins et appareils de radoub, les cales inclinées, les quais d'armement avec leur outillage spécial, enfin les ateliers de réparations qui en sont le complément indispensable.

En continuant à considérer le même point de vue industriel, on se convainc très bien qu'un port moderne, toujours en voie de transformation et nécessitant des dépenses de plus en plus considérables, ne peut plus être conçu comme autrefois. Sans aucun doute, les ouvrages extérieurs, directement exposés à la mer, doivent être construits avec toute solidité et d'une manière définitive; ils constituent, en effet, la base même de l'édifice et sa principale garantie de sécurité. Mais il n'en est pas de même des installations intérieures qui, en raison de leurs transformations constantes, pourraient très bien présenter un caractère plus provisoire, et surtout plus économique. Du moment qu'il ne s'agit plus d'ouvrages à défier les siècles, certains procédés industriels plus simples et moins coûteux ne sont peut-être plus à écarter d'une manière absolue. Toute installation maritime n'est en somme qu'une usine de manutention, dans laquelle on doit s'efforcer avant tout de pouvoir assurer le trafic le plus intense au plus bas prix possible.

Mais, pour produire des résultats véritablement importants, l'aménagement technique et industriel du port doit être complété par un certain nombre de mesures qu'il est utile de ne pas négliger.

« Commercialement », l'Administration d'un grand port est un problème très complexe, puisque tout doit concourir à y attirer un plus grand courant de marchandises, soit par les bas prix de la manutention, du magasinage et du transit, soit par la rapidité même des opérations, soit par les facilités douanières et de toutes sortes que les marchandises y rencontrent.

On doit tout d'abord, à ce point de vue, tenir compte du genre de transactions et d'opérations qui s'effectuent dans le port, de la nature des marchandises qui y transitent ou y sont entreposées, et aussi, dans une large mesure, des conditions et habitudes locales. On doit, d'autre part, y prévoir le classement méthodique des marchandises à leur arrivée et à leur départ, autant que possible par nature et par catégorie, afin de diminuer les contrôles onéreux et les pertes de temps quand il s'agit de manipulations importantes. Il faut aussi chercher à y simplifier les rapports administratifs entre les services de la douane, ceux de l'exploitation et le public.

Cette organisation doit en somme avoir pour but de faciliter les demandes de déclarations des capitaines, pilotes et agents du port en même temps que celles des consignataires de marchandises ou agents maritimes; elle doit permettre l'acquittement des taxes à proximité, autant que possible, du lieu même du dépôt de la marchandise, et éviter tout transport ou allées et venues inutiles.

Il faut également que les navires puissent accoster à quai dès leur arrivée, et que, sans perte de temps, ils soient en mesure de commencer aussitôt leur chargement ou leur déchargement, afin de se trouver libres de repartir dès que leurs opérations sont terminées. Il faut enfin que la libre pratique leur soit accordée durant un temps aussi long que possible, afin d'éviter toute perte de temps, à l'arrivée comme au départ, et qu'elle puisse même être donnée à toute heure de nuit, lorsqu'il s'agit de grands courriers postaux.

La réalisation de toutes ces conditions, qui doivent concourir à l'amélioration de la vie commerciale d'un grand port, ne serait cependant pas suffisante encore pour atteindre le but envisagé. A ce point de vue l'on doit aussi tenir compte du rapport intime qui existe nécessairement entre le fret et la prospérité du port. Le développement d'un port n'est-il pas lié directement au bon marché du fret? Et, pour qu'un fret soit bas, ne faut-il pas que les navires puissent espérer des cargaisons complètes? S'ils sont obligés, au contraire, d'entrer dans plusieurs ports pour y prendre ou y déposer des cargaisons de faible tonnage, ils doivent forcément augmenter le taux de leur fret en compensation des frais d'escale. Il est donc bien évident que, si les navires ont le choix entre plusieurs destinations, ils se rendront de préférence au point où ils pourront espérer sur des cargaisons plus importantes. De son côté, le commerce choisira toujours d'instinct les ports où des départs fréquents lui assurent une prompte et économique expédition des marchandises. Il suit de là qu'un port relié par des services nombreux et réguliers à tous les marchés du monde en deviendra, par la force des choses, un des plus grands marchés.

Il semble donc, à première vue, que tout dépend des compagnies de navigation auxquelles il appartient d'établir des lignes régulières. Encore faudrait-il dans ce cas que le port satisfît tout d'abord aux conditions que la marine marchande est en droit d'exiger de lui. Mais, à tout bien considérer, on se rend compte bien vite que la solution du problème des frets et des grands marchés n'est pas uniquement une question d'armement.

Il faut, surtout, pour qu'un port progresse, que les marchandises puissent y affluer de tout l'hinterland qu'il dessert, ou bien, inversement, y pénétrer avec des conditions de transport véritablement à bon marché. Il faut, en définitive, qu'il soit desservi vers l'intérieur par des voies bien aménagées pour le transport économique des matières lourdes, encombrantes ou de peu de valeur, comme aussi, sous le rapport des marchandises et des passagers, il n'est pas moins intéressant que le port soit le point d'aboutissement d'un réseau de voies ferrées permettant au besoin d'attirer à son profit tout transit.

Pour qu'un port devienne un grand marché de fret et de marchandise, il semble également que l'on doive y faciliter l'application du régime des « zones franches » que nous avons décrit précédemment; ce régime ne doit viser en réalité que certaines marchandises, entreposées en vue de leur réexportation, et pouvant, dans ces enceintes, être améliorées, transvasées, mélangées ou divisées afin d'être mises sous une forme plus commerciale.

La création de pareilles zones devient d'ailleurs très facile dès que l'on admet le principe de la fermeture de chaque port ou de certaines parties de chaque port au moyen d'une clôture ou grille empêchant toute communication directe entre leurs terre-pleins et la ville. Ces zones franches existent, du reste, actuellement, dans beaucoup de ports, sous le couvert de règlements appropriés et de certaines facilités douanières, sans même que le nom en soit prononcé; elles y favorisent toujours la création de grands courants d'échange et de dépôts de marchandises qui, sans ces facilités, n'auraient aucune raison de rechercher ces ports.

Il existe enfin un autre élément de prospérité qu'il faut bien se garder de négliger; c'est l'apparition incessante et le développement constant des industries de toutes sortes, intéressées à venir se grouper au point d'aboutissement de toutes les voies terrestres et maritimes. Ces industries bénéficient ainsi d'un minimum de frais de transport, aussi bien à l'importation qu'à l'exportation. C'est le cas des chantiers de constructions navales, des industries de transformation traitant d'engrais chimiques, des tuileries, des usines de briquettes et des dépôts de charbons. Ces agglomérations industrielles sont toujours des plus favorables au développement d'un port, puisqu'elles constituent un des éléments principaux de son trafic, et par là concourent à l'abaissement le prix du fret. Il semble donc tout naturel que l'on apporte le plus grand soin à favoriser la création, l'essor et le développement de ces industries, en mettant au besoin à leur disposition des bassins spéciaux, comme cela s'est déjà pratiqué quelquefois, ou bien même en facilitant la création des installations maritimes indispensables à leur développement. On pourrait ainsi offrir à ces industries nouvelles certains terrains conquis par le creusement ou l'agrandissement du port.

Toutes ces conditions multiples ne paraissent pas très difficiles à réaliser, surtout lorsqu'il s'agit de créer un port, ce qui est le cas pour Tanger.

Pour conclure, l'emplacement d'un grand port doit, avant toute chose, présenter le maximum de facilités pour ce qui concerne le mouillage et l'accès. Au point de vue des dispositions intérieures, il faut ménager le port d'une manière tout à fait pratique et industrielle, afin de favoriser autant que possible les opérations rapides des navires, le transit à bas prix des marchandises et le débarquement ou l'embarquement prompt et facile des voyageurs. Un port doit enfin être dirigé comme un grand organisme commercial, qu'il est en réalité, et ceux qui président à son administration doivent avoir le souci constant d'y faire affluer des marchandises de toute sorte en aussi grande quantité et à un prix aussi réduit que possible.

Étude technique du port de Tanger

Les renseignements géologiques exposés au début de notre étude montrent que la baie de Tanger est encadrée par une plage de sable qu'alimente le courant littoral de l'Est sous la pression de ce vent dominant.

Cet apport de sable est assez important pour avoir pu constituer en peu d'années une dune qui repose sur les terrains éocènes ou crétacés de la baie.

Or, un des problèmes les plus complexes qui se dressent devant l'ingénieur chargé de travaux à la mer est incontestablement celui de la création d'une rade abritée sur une plage de sable.

Après avoir longtemps hésité à aborder ce problème d'une façon quelconque, on a fini par adopter la solution des jetées convergentes.

Mais cette solution présente des inconvénients d'une certaine gravité, car les ouvrages enracinés à la côte forment un obstacle au mouvement de va-et-vient dont sont animés les éléments de la plage et déterminent la formation de dépôts dans les angles, entre les jetées et la mer, et même devant les musoirs des jetées.

Nous empruntons à ce sujet à M. Eyriaud des Vergnes, inspecteur général des ponts et chaussées, et dont nous fûmes l'un des collaborateurs dans la construction des bassins de Freycinet et annexes du port de Dunkerque, les conclusions ci-après d'un mémoire très étudié sur les ports en plage de sable.

« D'après des expériences faites dans des circonstances manifestement « défavorables, il est possible, d'une part, de lutter contre les apports de « sable qui se concentrent près des ouvrages d'un port en draguant un « cube qui ne soit pas excessif et, d'autre part, les dragages de sable à « la mer peuvent se faire très économiquement, leur prix de revient « pouvant descendre au-dessous de 20 centimes par mètre cube dragué « et transporté à 3 ou 4 kilomètres en mer, non compris l'amortisse- « ment et l'intérêt du capital employé à l'acquisition du matériel.

« On peut en conséquence classer les dragages au nombre des moyens « d'entretien auxquels il est possible pratiquement de recourir pour « assurer le maintien des profondeurs à l'entrée d'un port ouvert en « plage de sable. S'il se fait le long de la côte un transport définitif « dans ce sens, les dragages devront s'exécuter du côté d'où vient ce « transport, et il faudra y creuser une fosse de garde suffisante pour parer « aux intermittences de fonctionnement des dragues.

« Si les transports longitudinaux dans les deux sens s'équilibrent, la « fosse de garde à creuser devra être établie devant l'entrée. Si, enfin, « les apports viennent du large et ne proviennent pas, soit d'érosions « directes, soit de cheminements longitudinaux des matériaux de la « plage, on ne pourra lutter contre eux au moyen de dragages; on pourra « seulement régulariser l'avancement de la plage, en supprimant les

« accumulations locales qui se feront dans les angles des jetées avec la « rive.

« Lorsqu'on aura à étudier les conditions d'établissement d'un port « sur une plage de sable, il conviendra de tenir un compte tout spécial du « régime des vents et des lames qu'ils produisent.

« On se rappellera que les lames sont les principaux agents des dépla- « cements des sables et que leur action est de beaucoup supérieure à celle « des courants de marée, dont la vitesse est généralement faible, et qui « ne déplacent guère que les sables et les matières très ténues susceptibles « d'être mises en suspension.

« Enfin l'étude du régime des vents et des lames devra comprendre « l'évaluation de l'influence que peuvent avoir les abris qui protègent « partiellement la côte contre les lames de certaines aires du vent.

« Parmi les systèmes qui peuvent être employés pour permettre les « opérations des navires devant une côte de sable, le seul qui soit exempt « de toute crainte de modification, du régime de la côte, est celui qui con- « siste à créer l'abri des navires par de grandes profondeurs au moyen « d'un brise-lame, ou digue, ou d'une combinaison de brise-lames reliés « à la terre par des viaducs. Il a été peu pratiqué jusqu'ici, parce que « les dimensions des brise-lames, suffisantes pour garantir l'abri, doivent « être très grandes, et que le nombre des navires abrités est relativement « petit.

« On est donc conduit à un chiffre de dépenses très élevé pour un « mince résultat, à moins que les circonstances locales ne soient excep- « tionnellement favorables. Si l'on ne recule pas devant ces dépenses, « on devra construire le viaduc de communication avec des travées lar- « gement ouvertes et orienter les piles de manière que leur grande dimen- « sion soit parallèle aux courbes de niveau de l'estran. Il conviendra, en « outre, de planter les brise-lames par des profondeurs notablement « supérieures à celles dont les navires ont besoin pour laisser une marge « aux ensablements qui se produisent nécessairement dans l'abri et « retarder le moment où l'entretien, par des dragages, deviendra indis- « pensable.

« Le système des jetées convergentes, embrassant une enceinte plus ou « moins étendue, est celui qui répond le mieux aux exigences de la navi- « gation. Il semble devoir être choisi lorsqu'il s'agira de créer un port de « toutes pièces sur une plage régulièrement ouverte.

« Les jetées pourront partir de terre en faisant un angle droit avec « la plage, si celle-ci est très plate, mais il vaudra généralement mieux « les faire converger un peu dès le départ, et ce sera tout à fait nécessaire « si la plage est raide. A une distance de la terre qui variera d'après la « pente de l'estran, les premiers alignements devront être continués

« par des bras convergents faisant avec la normale à la côte un angle de « 45° au plus. Les musoirs devront toujours être plantés par des profon- « deurs supérieures à celles que l'on voudra maintenir sur l'entrée et « dans l'intérieur de l'avant-port. Le tracé de l'entrée du port, près des « musoirs, devra être étudié de manière à éviter que les ouvrages n'aug- « mentent pas la mer sur la passe.

« Si les vents qui produisent les fortes lames sont normaux à la plage, « ou peu inclinés sur la normale, les bras en retour pourront être tracés « suivant des alignements à 45° sur la normale. Si les vents de tempête « sont très inclinés sur la normale, il sera indispensable de couder une « seconde fois les bras en retour, avant d'arriver aux musoirs, pour « garantir la passe contre le ressac et les réflexions qui se produiraient « contre les bras en retour. On les terminera alors par de petits aligne- « ments parallèles à la normale. Il faudra, en tous cas, bien se garder « d'ouvrir la passe entre des alignements parallèles à la côte, parce que « les réflexions qui s'y produiraient par tous vents du large soulève- « raient sur l'entrée une mer démontée, dans laquelle les navires ne « gouverneraient pas. La superficie de l'enceinte à renfermer dans les « jetées dépendra évidemment de l'importance que l'on voudra donner « au port. Les profondeurs devant y être entretenues par des dragages, « on devra se rappeler que, si les premières dépenses d'établissement « dépendent en même temps de la superficie de l'enceinte et de la surface « mise à profondeur, les dépenses d'entretien dépendent seulement du « cube d'eau admis à chaque marée.

« On aura donc intérêt à utiliser la totalité de la superficie et à ne pas « l'exagérer au delà du nécessaire.

« La partie la plus avancée étant réservée comme avant-port, la partie « la plus voisine de terre pourra comporter, soit des appontements, soit « plutôt des môles d'accostage mis en communication facile avec les voies « ferrées sans plaques tournantes.

« Quelles que soient les dispositions adoptées, les avancements de « la plage à l'extérieur du pont seront facilement combattus par des « dragages, s'ils proviennent de cheminements longitudinaux. S'ils « proviennent d'apports du large, on retardera le moment où ils seront « dangereux en avançant beaucoup les musoirs en mer; mais la durée « du port sera nécessairement limitée si, ce moment arrivé, on ne pousse « pas de nouvelles jetées au large pour retrouver les profondeurs « voulues.

« Tous les ports ouverts sur une plage de sable exigeront, pour leur « entretien, le dragage de cubes importants, et l'organisation écono- « mique de ces dragages présente un intérêt capital. Pour éviter la dif- « ficulté de rédiger des contrats qui se prêtent bien aux circonstances

« si variables du travail en mer, la charge à payer à chaque renouvelle-
« ment de contrat ou d'adjudication, l'amortissement de la totalité du
« matériel, il conviendra que les Compagnies concessionnaires ou l'État
« acquièrent le matériel et le fassent fonctionner en régie, comme dans
« certains pays, et notamment en Angleterre.

« Les dragages devront en outre donner lieu à une étude spéciale des
« lieux de dépôt qui pourront recevoir sans danger les matériaux dragués.
« Les dragages de sable pur analogues à ceux que font les suceuses
« devront, en général, être portés à la mer, faute de mieux, et il n'est
« pas possible de dire à priori où il conviendra de les verser.

« On peut seulement énoncer que, sur une plage découverte, si les
« accumulations résultent de transports longitudinaux, nettement mar-
« qués dans un sens, les lieux de versement devront être pris à deux
« milles environ en aval de la direction des vents dominants, le régime
« de la côte garantissant que les sables ainsi déposés ne reviendront pas
« vers le port.

« Si les accumulations se font des deux côtés des ouvrages et résultent
« soit de transports longitudinaux équivalents dans les deux sens, soit
« de concentrations locales des apports du large, on sera forcé de choisir
« les points de versement au large dans les plus grandes profondeurs pos-
« sibles et aussi loin que possible de l'entrée, de part et d'autre, jamais
« devant. De plus, si l'on ne trouve pas à bonne distance des fosses dont
« le comblement soit indifférent, il conviendra de répartir les versements
« sur une grande longueur, au lieu de les concentrer sur le même point,
« où ils tendraient à former un banc nuisible.

« Les dragages intérieurs donneront, le plus souvent, des vases sus-
« ceptibles de devenir cultivables après quelques saisons pluvieuses. Il
« y aura alors un intérêt considérable à employer les matières draguées
« à terre, soit en relèvement de terrains marécageux, soit en couverture
« des dunes qui existent toujours en tête d'une plage sablonneuse, soit
« enfin en couverture des sommets de la plage situés au-dessus de la
« pleine mer des vives eaux ordinaires. On ne devra les porter à la mer
« qu'en cas d'impossibilité absolue de les déposer utilement à terre, parce
« que les vases ainsi exportées reviendront toujours, au moins partielle-
« ment, dans le port. »

Les conclusions ci-dessus paraissent devoir s'adapter au port de Tanger, qui est, sans conteste, un port ouvert sur une plage de sable.

Elles concourent toutes à montrer de combien d'observations et d'études devra être entourée la préparation du projet définitif.

Il est évident que l'on devrait éviter tout emplacement dont le choix entraînerait autant d'embarras et de dépenses.

Mais ce sont des considérations d'ordre commercial bien plus que d'ordre technique ou financier qui déterminent généralement le point où un port doit être créé ou amélioré, et nous pourrions citer des exemples de grands travaux restés infructueux parce que l'on a négligé de tenir compte des conditions commerciales essentielles. Actuellement, la grande navigation commerciale à vapeur réclame avant tout une rapidité spéciale dans ses opérations, une liberté complète dans ses mouvements. De leur côté les marchandises doivent n'avoir à subir que les moindres frais possible de transport, du point de débarquement aux points de consommation ou de dépôt.

Nous répétons qu'un grand port de marchandises est essentiellement une zone abritée, accessible à toute heure aux navires de fort tonnage, et séparée des lieux de dépôt ou de consommation par le moins de terre possible.

Dans ces conditions, les difficultés d'établissement et d'entretien passent au second rang.

Nous n'avons donc qu'une liberté très restreinte dans le choix de l'emplacement du port de Tanger, et notre rôle principal sera de réduire au minimum les dépenses et les chances mauvaises que cet emplacement peut entraîner.

En effet, pour nous abriter contre le vent du large, nous poussons sur 200 mètres, dans la direction du N.-E., une première digue assez robuste, qui s'enracine sur l'amorce construite récemment par une entreprise allemande, et nous l'implantons sur l'infrastructure, découverte à marée basse, d'un ancien ouvrage anglais ou portugais; puis, l'infléchissant vers l'Est au moyen d'un angle de 139 degrés, nous poussons notre digue jusqu'aux fonds de 15 mètres, soit sur une longueur de 1.200 mètres, et son extrémité inclinée vers le N.-E. de 10° N., donne l'ouverture à une passe de 150 à 200 mètres.

A l'autre extrémité de la passe, pour nous abriter complètement contre les gros temps de N.-O. pouvant venir du large, nous donnons au bras principal de la deuxième digue la direction Est 25 degrés S. et nous le prolongeons sur 800 mètres, c'est-à-dire jusqu'à la rencontre de l'autre bras normal à la côte qui s'enracine sur la berge Ouest de l'oued El Hacq dévié.

Ce deuxième bras, qui aura un développement de 1.400 mètres, constituera un ouvrage bas et plus léger que les précédents, car il ne jouera guère que le rôle d'un épi contre l'apport des sables et la houle provoquée en été par le vent d'Est.

L'ensemble du système réalise dont le procédé classique des jetées convergentes.

Le prolongement de nos jetées dans les fonds de 15 mètres nous a paru utile pour abriter la passe et empêcher l'agitation de la mer de

Le port de Tanger

Ensemble des installations projetées. Échelle 1/15000

pénétrer jusque dans les bassins; il nous a paru utile également pour les manœuvres des navires à vapeur, car il abritera ceux-ci pendant le temps nécessaire aux navires entrant au port pour perdre leur vitesse, et pour que les navires sortants puisse prendre celle qui leur est nécessaire pour bien gouverner lorsqu'ils entrent dans la partie agitée de la mer.

Du côté de la mer, notre bassin est limité par un ensemble de quais d'un développement total de 4 500 mètres

Laissant un plan d'eau parfaitement abrité d'une surface totale de 160 hectares.

Le relief des fonds et l'état des lieux nous ont conduit à donner ce développement à nos quais et à diviser notre grand bassin en plusieurs zones au moyen de traverses qui pourront être adaptées au genre de trafic auquel on les destine.

C'est ainsi que la passe orientée dans la direction N.-E. donne d'abord accès dans un grand bassin d'évolution ayant des fonds d'une profondeur d'au moins 12 mètres sous zéro.

A droite, dans la direction des ouvrages actuellement existants et que nous conservons, nous avons prévu l'aménagement d'un petit bassin pour les voiliers, les navires de faible tirant d'eau, les barques de pêche et les embarcations de servitude; ces divers bassins secondaires, draguées de 1,00 à 4,00, accusent un plan d'eau d'une surface de 8 hectares et pourront être dotés, suivant les besoins du trafic, d'un développement de quais de .... 1.000 mètres

Contigu au petit bassin sus-décrit, nous prévoyons un autre bassin dragué à 8,00, offrant un plan d'eau de............ 10 hectares et pouvant donner un développement de quai de...... 850 mètres

En face de la passe, nous aménageons un bassin de... 24 hectares dragué à 10 mètres, et pouvant offrir au trafic un développement de quais de .... 700 mètres

A droite de la traverse centrale sont prévus, pour satisfaire aux besoins futurs, et sans doute prochains, de la navigation, des quais fondés à 12,00, et se développant sur une longueur de .... 2 000 mètres autour d'un bassin en eau profonde d'une surface de... 118 hectares

Enfin, à l'extrême limite de ce grand bassin, près de l'enracinement de la jetée Est, pourront être installés 3 bassins de raboud pour la réparation des petits, moyens et grands navires; on donnera à ces ouvrages les longueurs utiles respectives de 100, 200 et 350 mètres.

Le terrain dont nous avons prévu la conquête sur la mer au moyen des matériaux dragués représente une surface totale de .... 100 hectares

Si l'on y comprend les trois traverses, en avancement, cette superficie sera augmentée de.............................. 35 hectares

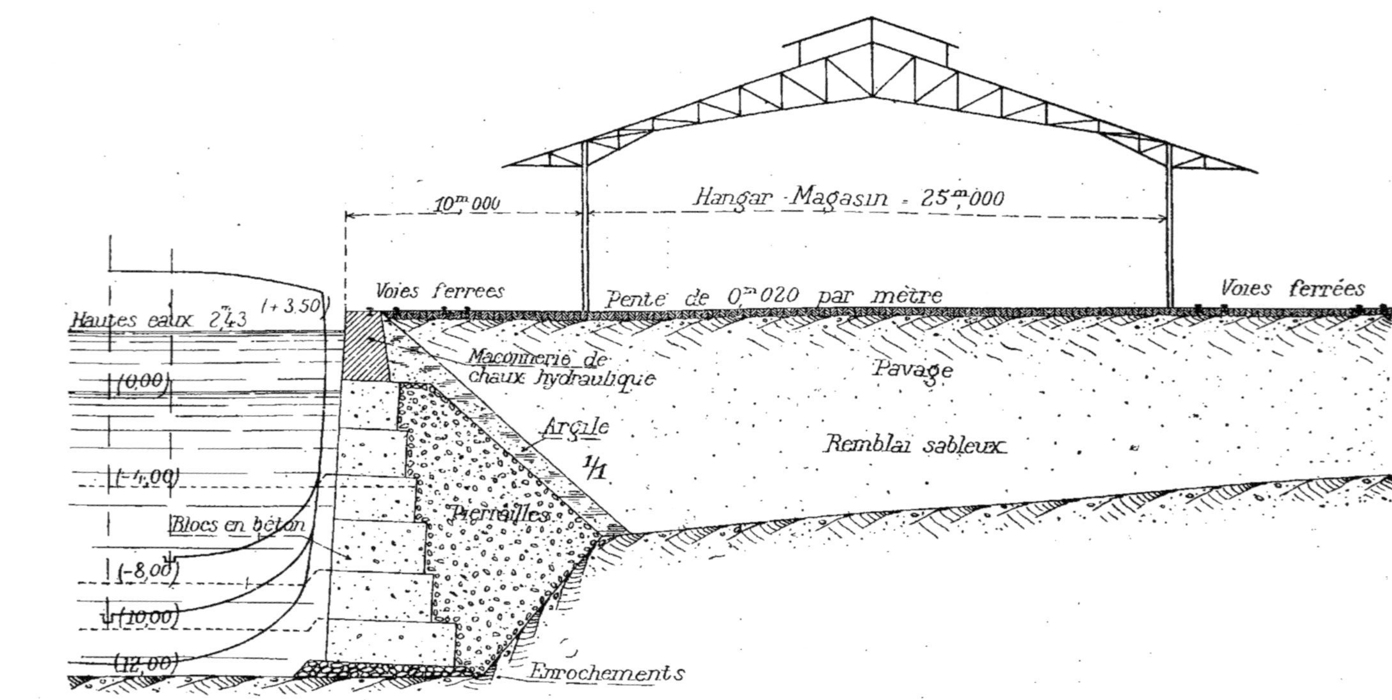

Profil transversal des quais et hangars

Mais ces traverses, ne devant être construites que suivant les nécessités du trafic, pourraient, par raison d'économie, être remplacées par des wharfs enracinés sur la ligne des quais, comme aussi l'emplacement de ces derniers pourrait être à la rigueur occupé par une digue perreyée.

Sur cette surface de terrain conquis, il y a lieu de faire un premier prelèvement de .... 21 hectares

pour la zone publique des quais, à laquelle nous donnons une largeur de 100 mètres, à partir de l'arrêt du couronnement.

Ensuite, l'emplacement des gares, voyageurs et marchandises, nécessitera une autre superficie de .... 14 hectares

Les ateliers de constructions et de réparations du matériel de chemin de fer et du matériel naval absorberont encore .... 25 hectares

Enfin les rues, places et édifices publics, devant de leur côté réclamer au moins .... 10 hectares

il restera disponible de 30 à 60 hectares

de terrains pour être allotis et mis en vente.

Comme on le voit en consultant le plan annexé, le nouveau port de Tanger, ainsi prévu, paraît conçu de façon à réaliser le mieux possible les conditions d'un bon aménagement : il est, en effet, placé, avec toutes ses annexes, chemins de fer, ateliers, radoub, à proximité des populations à desservir, des installations déjà existantes, et en face des terrains sur lesquels la ville est appelée à se développer normalement ; il ne provoquera donc, ni pendant sa construction, ni après aucun trouble dans les habitudes locales, ni crise dans la vie économique de la ville.

A terre, sur toute la longueur des bassins, vers la limite extérieure du quai de rive, nous avons prévu de larges voies de circulation de 20 à 30 mètres de largeur, auxquelles aboutiront les grandes rues principales de la ville, ainsi qu'un grand nombre de rues plus ou moins larges, qui seront autant de voies de dégagement et d'accès pour les communications entre le port et la ville.

Parallèlement à ces grandes voies de communication, côte à côte et en dehors des quais, sont prévues les gares du chemin de fer, voyageurs et marchandises, qui desserviront en même temps les quais en y projetant leurs embranchements au moyen de courbes de rayons convenables.

Les lieux de stationnement des voitures et wagons se trouveront écartés et placés en dehors et à proximité du quai, car ce ne sont que des embarras pour les opérations du trafic : il ne devra en effet circuler sur les quais que les véhicules qui auront des opérations à y faire ; pour la circulation étrangère, c'est par les rues parallèles aux quais que passeront les tramways destinés au transport des personnes.

Dans le même ordre d'idées nous avons été conduit à reléguer l'établissement de radoub à l'extrémité des bassins, et en dehors des quais d'opérations.

Hauteur du quai. — La mer, à Tanger, marne dans les plus hautes marées de 2m43; si nous plaçons le niveau de l'arête des quais à un mètre au-dessus de cette cote, nous aurons l'altitude de 3m40, qui nous a paru convenable; c'est d'ailleurs la cote des quais existants et nous l'avons adoptée.

Bassin de radoub. Matières dangereuses. — Les établissements de radoub, cales de carénage, formes sèches, ont été relégués à l'extrémité limite des bassins d'opérations et des quais.

Les formes sèches, au nombre de 3, sont groupées et prévues avec les dimensions ci-après :

Une petite pour les embarcations de faible tonnage; elle aura en longueur 100 mètres, en largeur 22 mètres, et profondeur d'eau 5 mètres;

Une forme pour les navires de moyen tonnage ayant en longueur 220 mètres, en largeur 30 mètres et une profondeur d'eau de 9 mètres.

Enfin une forme destinée aux grands navires et devant répondre aux besoins de l'avenir; elle aura donc une longueur de 350 mètres, une largeur de 40 mètres et une profondeur d'eau de 12 mètres.

Le quai, aux abords de ces ouvrages, devra être aménagé pour l'embarquement et le débarquement des pièces nécessaires aux opérations et à la mise en place à bord des chaudières, pièces de machines et autres.

Comme, dans l'aménagement d'un port de commerce, il est essentiel de prévoir les moyens d'éviter les dangers qui résultent de la manutention des matières inflammables et, en premier lieu, des pétroles et alcools, nous avons prévu un terre-plein spécial, suffisamment isolé, au N.-O. du port, pour y recevoir ces liquides; les 4 hectares de superficie de ce terre-plein pourraient même lui permettre de recevoir des charbons, qui constituent une marchandise encombrante de peu de valeur, dégageant une poussière gênante, qui salit et même détériore les autres marchandises; relégués à cette extrémité du port et éloignés de la ville nouvelle, ils donneront leur minimum d'inconvénient, car leurs poussières seront emportées vers le large par le vent dominant d'Est.

Cette spécialisation n'est d'ailleurs qu'indicative, car, sous l'influence de l'intensité du trafic et de la diversité des marchandises qui peuvent arriver dans le port de Tanger, il est difficile de fixer à priori à certaines parties du port telle ou telle affectation spéciale qu'il y aurait lieu peut-être de modifier aussitôt.

Outillage. — Il en est de l'outillage d'un port comme de tout outillage industriel. Il faut que l'importance du trafic soit assez grande pour en justifier l'emploi et que l'outillage soit bien approprié aux opérations auxquelles il est destiné.

Quant un port ou un bassin appartient à une compagnie, comme ce sera vraisemblablement le cas à Tanger, il est facile à cette compagnie, qui effectue toutes les opérations auxquelles donnent lieu l'exploitation, de faire choix de l'outillage qui convient le mieux, de le modifier, de le compléter suivant les besoins, somme aussi de régler la marche de ses opérations.

Cet outillage, qui doit être considéré comme un des éléments constitutifs du port, comprend l'ensemble des appareils et des installations susceptibles d'être employés dans l'exploitation. Il serait bien incomplet si l'on n'y ajoutait les moyens de communication avec l'intérieur, non seulement rapides, commodes et économiques, mais encore bien appropriés au trafic.

Dans un port qui, comme Tanger, doit recevoir des voyageurs, des marchandises diverses, des matières lourdes et encombrantes et de peu de valeur, on aura le plus grand avantage à disposer, pour les relations avec l'intérieur, de routes et de chemins de fer se dirigeant vers l'hinterland du Fahç, du Gharb et de Fez, d'une part, vers Tetuan, Ceuta et la région montagneuse et probablement minière de l'Andjera d'autre part.

Outillage des bassins. — L'outillage des bassins comprendra un ou plusieurs remorqueurs pour les manœuvres des navires et du matériel flottant, des embarcations de servitude, pour le gabarrage des marchandises; des bateaux citernes pour le transport de l'eau douce à bord des navires : enfin, des appareils flottants de manutention. Parmi les appareils flottants nous citerons une ou deux grues de transbordement de deux tonnes et une ou deux grues à vapeur de 20 à 60 tonnes : les appareils flottants pour la manutention des pièces de poids ou de volume exceptionnels, matériel de chemin de fer, de l'industrie et de la marine, chaudières, machines, etc., présentent, comparativement aux appareils fixes, des avantages incontestables.

Un objet pesant plusieurs tonnes ne se rencontre qu'exceptionnellement dans un chargement. Quand on n'a à sa disposition pour débarquer les objets lourds ques des appareils fixes, il faut que le navire se déplace et vienne accoster au droit de l'appareil; comme, en ce point, le navire ne peut pas débarquer le reste de sa cargaison, on est dans l'obligation de la déplacer une seconde fois pour continuer ses opérations.

Or, ces déplacements sont toujours très gênants et coûteux.

Avec les appareils fixes, l'élingage présente des difficultés, parce qu'il faut que l'objet à prendre à bord se trouve à l'aplomb du crochet de l'appareil.

Au contraire, quand on opère avec un appareil flottant, le navire, dans aucun cas, n'a besoin de se déplacer. C'est l'appareil flottant qui vient au navire, qui prend la pièce à tel moment du débarquement qui convient et la transporte au point désigné.

L'appareil flottant vient à l'appel de la pièce : on évite, par son emploi, des difficultés d'opération.

Outillage des quais. — Les éléments principaux de l'outillage des quais sont les appareils de débarquement et d'embarquement, les hangars et les voies ferrées.

La manutention des marchandises comprend des opérations diverses, entre autres le débarquement et l'embarquement, l'entrée en magasins, la sortie des magasins, les manœuvres des wagons, leur chargement et leur déchargement; les principaux appareils sont des grues, des cabestans, des élévateurs, des descenderies.

Lorsque le trafic à desservir est de peu d'importance, comme à Tanger, pour le moment, le choix des appareils ne saurait être très coûteux. Comme ce n'est pas l'outillage qui déterminera le trafic, on devra se contenter de quelques grues à vapeur et ne pas se lancer dans des installations d'outillage hydraulique ou électrique qui sont toujours coûteuses et qu'il n'y a lieu de préférer que lorsque l'on se trouve dans des circonstances favorables.

Nous pensons néanmoins que ces circonstances naîtront vite, dès que le développement du pays prendra son essor, car une station centrale électrique à Tanger pourrait avoir à fournir, outre à l'exploitation mécanique et à l'éclairage du port, la force motrice à un réseau de tramways et aux machines élévatoires de l'eau d'alimentation, à l'éclairage public de la ville et à l'éclairage des particuliers.

Sur les quais, la grue mobile doit incontestablement être préférée à la grue fixe, à moins de circonstances tout à fait spéciales qui feraient que la grue n'aurait pas à être déplacée.

Entre les différents types de grues mobiles, le choix à faire est déterminé par les circonstances.

Les grues à pivot montées sur truc sont généralement plus stables et plus faciles à déplacer que les grues transbordeurs; mais ces dernières sont préférables lorsqu'on est en présence d'opérations de transbordement du navire sur le wagon et *vice versa*, opérations qui exigent que la voie ferrée soit placée le plus près possible de l'arête du quai.

La puissance à donner aux grues varie évidemment avec la nature du trafic. La pratique nous a montré que, pour les marchandises en général, les céréales, la puissance de 1.500 kilos était la plus convenable, tandis que, pour les minerais, il faut porter cette puissance à 3.000 kilos.

Quant aux dimensions, les données ci-après nous paraissent susceptibles d'être recommandées :

Portée en dehors de l'arête du quai........... 8m50 à 10 mètres;
Hauteur de la poulie à l'extrémité de la flèche.. 12 à 15 mètres;
Course du crochet......................... 18 à 22 mètres;

Les bornes d'amarrage placées sur le quai, en arrière de la tablette de couronnement, sont un obstacle au déplacement des grues et au passage des wagons; nous leur préférons des bollards fixés sur l'arête même du quai.

Hangars. — La question des hangars est non moins intéressante que celle des appareils de débarquement.

Le hangar est la continuation de la cale du navire; c'est sous le hangar que la douane reconnaît les marchandises.

Quand les hangars sont destinés aux opérations des grands navires, qui apportent des chargements homogènes et atteignant jusqu'à 5.000 tonnes, il faut des hangars de 35 à 40 mètres. Ces chiffres s'entendent pour des hangars dans lesquels les camions ont libre accès; si l'enlèvement des marchandises avait lieu par chemin de fer, les voies ferrées étant placées extérieurement, ces dimensions pourraient être réduites chacune de 5 à 6 mètres. Elles supposent que les hangars sont fermés sur les trois côtés opposés au quai par des murs assez solides pour qu'on puisse y appuyer des marchandises, ce qui permet de mieux utiliser l'espace couvert.

Les données pratiques que nous avons recueillies sur les hangars nous conduisent à regarder les dispositions suivantes comme pouvant le mieux convenir au climat et au trafic éventuel du port de Tanger.

Hangars fermés, couvertures en tuiles sur fermes en fer, fermes espacées de 5 mètres;

Lanterneau double, à cheval sur le faîtage, avec 2 à 3 mètres de largeur sur chaque versant;

Hauteur sous entrait, 7 mètres; jusqu'à 30 mètres, fermes construites d'une seule portée, sans supports intermédiaires;

Au-delà de 30 mètres, deux travées-supports intermédiaires espacées de 10 mètres; les supports, constitués de colonnes creuses en fonte, utilisés comme tuyaux de descente des eaux;

Du côté opposé au quai, larges ouvertures assez nombreuses, fermées au moyen de portes extérieures suspendues, avec rainure d'arrêt;

Du côté du quai, façade formée de panneaux de 10 mètres, fermés de 2 en 2 par des murs. Les ouvertures munies de grandes portes roulantes à vantaux, de 5 mètres de largeur, placées à l'extérieur.

Entre le bord du quai et le hangar doit régner un espace suffisant pour qu'on puisse recevoir les colis, les étaler, reconnaître les marques et décider sur quel point du hangar il faut les diriger. Il convient que cet espace ne soit pas trop grand, parce qu'on augmenterait, sans aucun avantage, la distance de transport des colis. Une largeur de 8 à 10 mètres paraît suffisante, et permet de placer une voie ferrée entre la voie des grues et le hangar.

Voies ferrées. — Le problème de l'organisation des voies ferrées sur les quais d'un port de commerce est le même que dans une gare de chemin de fer. Il faut toutefois noter une nuance assez importante, dont il y a lieu de tenir compte : dans les gares de chemin de fer, les marchandises vont au wagon, c'est-à-dire sont déposées et rangées, suivant les indications de la compagnie qui exploite le réseau, tandis que, sur les quais d'un port, ce sont les wagons qui doivent venir à côté du navire ou des marchandises. Le rangement des navires et les dépôts de marchandises sont réglés par le service du port; la compagnie qui exploite les voies ferrées n'intervient pas. C'est une complication pour l'exploitation des voies, mais, à Tanger, cette complication pourra être évitée si, comme nous avons lieu de l'espérer, l'exploitation du port et celle du chemin de fer sont placées sous la même direction.

L'agencement des voies ferrées sur les quais dépend de la nature des opérations.

Si la marchandise doit passer directement du navire sur les wagons, ou, inversement, des wagons sur les navires, sans aucune reconnaissance, les voies doivent être placées aussi près que possible de l'arête du quai, en ne laissant que juste la place nécessaire pour l'amarrage des navires et pour la circulation du personnel, soit $1^{m}50$ environ.

Si la marchandise doit, à son passage du navire sur le wagon, ou *vice versa*, subir une reconnaissance avec pesage, mise en sacs, etc., il faut laisser entre le bord du quai et la voie la plus rapprochée un espace d'une largeur d'environ 7 à 8 mètres, pour permettre d'effectuer ces opérations.

Enfin, quand la marchandise ne doit passer sur un wagon qu'après un séjour plus ou moins prolongé sur le quai, pour subir les reconnaissances et les vérifications de la douane et des négociants, ainsi que les conditionnements que comportent la livraison et l'expédition, les voies seront placées en arrière de l'espace réservé au dépôt des marchandises ou des hangars.

Docks. Zones franches. — Dès la fin du XVIIe siècle on avait commencé en Angleterre la construction de premiers docks-entrepôts : ceux de Liverpool, remontant à 1690. Ceux de Londres à 1796, avaient procuré au commerce, et aussi à l'État, pour la perception des droits de douane, des avantages considérables.

La création des entrepôts, dont le but était de permettre aux négociants de ne payer les droits de douane qu'à la sortie des marchandises importées, et même d'en être exonérés, si ces marchandises sont exportées, jointe à l'institution féconde des warrants, contribua à donner aux docks un développement considérable et imprévu.

Indépendamment des facilités et des économies de temps et d'argent qu'il procure pour toutes les opérations, le dock offre le grand avantage

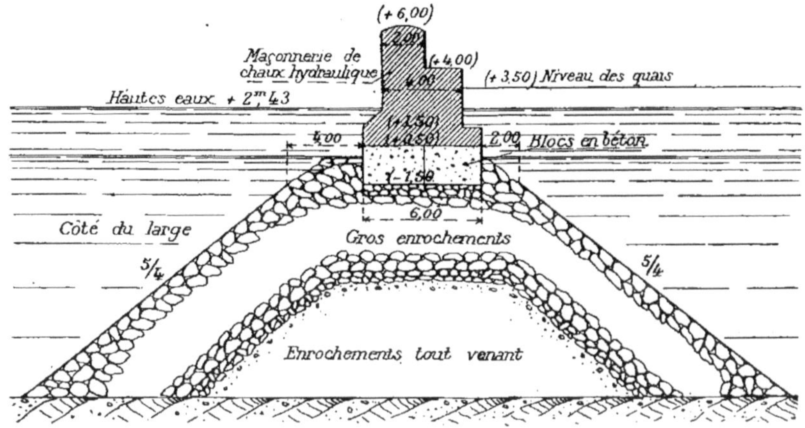

Profil de la digue Nord

de simplifier la besogne des négociants, de supprimer des intermédiaires et d'éviter des démarches compliquées et toujours onéreuses. En France. les docks de Marseille, construits de 1856 à 1863, sont un modèle du genre.

La vie des docks et entrepôts étant étroitement liée à celle du port, dont ils ne sont qu'une dépendance, leur construction et leur exploitation ne présentent rien de spécial, dans l'ensemble, que l'adjonction de barrières dont les clefs sont gardées par la douane.

Dépenses de construction. — Examinons maintenant ce qu'un grand port, conçu dans les conditions qui précèdent, nécessitera comme dépenses de construction.

Digue Nord. — Cet ouvrage, qui doit présenter une certaine solidité en raison de ce qu'il est exposé aux chocs des lames, peu violentes d'ailleurs, en général, que provoque le vent du large, sera construit en enrochements de dimensions variables, pris parmi les plus gros que fourniront les carrières du voisinage; sa section aura la forme d'un trapèze avec talus incliné à 5 de hauteur sur 4 de base; sa largeur en couronne, arasée à 1m50 sous zéro, sera de 12 mètres. Elle sera surmontée d'une superstructure en maçonnerie formée d'une première assise de blocs artificiels arasés à 0m50 au-dessus de zéro, ayant une section de 6 × 2, soit de .... 12 m² ;

d'une deuxième assise de même maçonnerie de 6 mètres à la base et de 2 mètres en tête, arasée à la cote 6,00; cette maçonnerie, exécutée sur place, aura une section par mètre courant de .... 20 m²;

L'ouvrage ainsi constitué, poussé, comme nous l'avons précédemment indiqué, jusque dans les fonds de 15 mètres, sur une longueur totale de.................. 1 400 mètres

nécessitera, avec son musoir, un volume d'enrochement de gros poids, que, étant donné le relief des fonds, nous évaluerons à 300 000 m³, au prix de fr. 5 00 le m³, soit...................................... fr. 1 500 000

la superstructure en maçonnerie au mortier de chaux hydraulique, dosé à 400 kilos par mètre cube de sable, représentera un volume de 45 000 mètres cubes à fr. 30 fr. 1 350 000

Total de la digue Nord.................... fr. 2 850 000

Digue Est. — Cet ouvrage ne devant s'opposer qu'aux apports de sable amenés par les courants, sous l'effort du vent d'Est, et à amortir la houle et le clapotis provoqués par ce vent, est réduit à des proportions beaucoup plus modestes que la digue Nord; néanmoins la dépense sera à peu près équivalente, en raison de la longueur en excès, soit environ 600 mètres en plus.

Son infrastructure, prévue en enrochements de dimensions moyennes, et arasée à 1m50 sous zéro, aura en couronne une largeur de 7 mètres.

Sa superstructure sera aussi composée d'une première assise de blocs arrimés, construits en maçonnerie de chaux hydraulique arasée à 0m50; cette assise sera également surmontée d'une autre assise en maçonnerie, exécutée sur place, et arasée à 4m50, soit à un mètre environ au-dessus du niveau des quais; la section de cette superstructure présentera une surface de 17m²50 par mètre courant.

Le volume correspondant de la maçonnerie de moellons, hourdés au mortier de chaux hydraulique dosé à 400 kilos de chaux, pour un développement de 2 000 mètres, est de 35 000 m³, à fr. 30.... fr. 1 050 000

L'infrastructure, en enrochement de dimension moyenne, aura un volume de matériaux de 450 000 m³, à fr. 4 000, soit une dépense de........................ fr. 1 800 000

Total, pour la digue Est.................. fr. 2 850 000

Dragages et remblais. — Les dragages nécessaires pour obtenir les fonds prévus consisteront en l'extraction d'un volume d'environ 3 500 000 m³, lequel pourra être refoulé ou transporté en remblai pour constituer les terre-pleins à conquérir sur la mer; ces matériaux seront en majeure partie composés de sable, d'après la nature des fonds indiqués sur la carte de la mission Hériot; mais il y a lieu de prévoir aussi des dérochements.

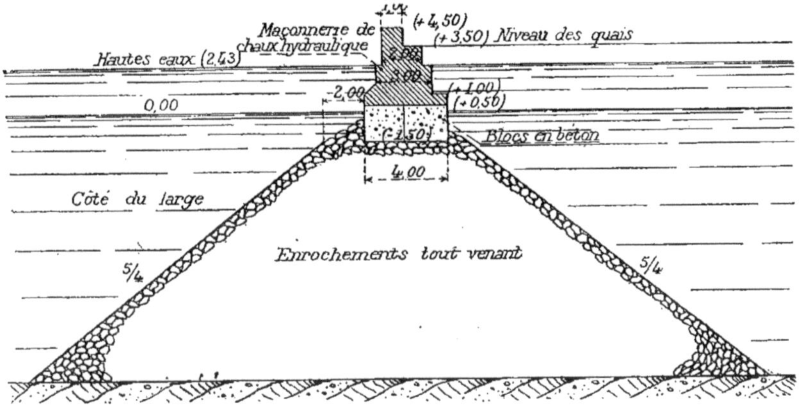

Profil de la digue Est

Nous compterons donc 3 500 000 m³ de dragages, à 0 fr. 60 l'un, soit .... fr. 2 100 000

et une plus-value de fr. 6,00 sur 500 000 mètres de dérochements .... fr. 3 000 000

Le réglage des surfaces de remblai sur 100 hectares, à fr. 0,15 le m², coûtera .... fr. 150 000

Il est indispensable de recouvrir ces remblais sableux d'une couche de terre ou de déchets de carrière, pour les soustraire à l'action du vent, sur une épaisseur de 0m10; c'est un volume de 100 000 m³ qu'il y aura lieu de se procurer, à 3,50, correspondant à une dépense de.. fr. 350 000

Total pour les dragages et remblais..... fr. 5 600 000

Murs de quais. — La construction des murs de quai est prévue suivant la forme généralement adoptée lorsqu'ils reposent sur une base solide, c'est-à-dire au moyen d'assises superposées de blocs arrimés et de dimensions et de poids variables, comme l'indique la coupe ci-annexée.

Le volume de la maçonnerie, prévue en béton de mortier de chaux hydraulique dosé à 400 kilos de chaux par mètre cube de sable, peut être estimé

pour 1 000 mètres de quais fondés	à 4 mètres,	à	19 800 m³
— 850 mètres — —	à 8 mètres,	à	25 650 m³
— 700 mètres — —	à 10 mètres,	à	25 760 m³
— 2 000 mètres — —	à 12 mètres,	à	92 300 m³
	Soit un total de		161 490 m³

A fr. 30 00 le m³, la dépense atteint en chiffre rond, pour les murs de quai .... fr. 4 900 000

Bassin de radoub. — Nos prévisions comportent la construction de 3 bassins de radoub; un premier ouvrage, pour les embarcations à faible tirant d'eau, aurait les dimensions suivantes :

Longueur utile .... 100 mètres;
Largeur au niveau du couronnement .... 20 mètres;
Largeur au niveau du seuil de l'écluse .... 15 mètres;
Niveau du seuil de l'écluse à la côte .... 5.00 mètres;
Épaisseur des bajoyers au niveau du quai .... 1 m. 80;
Épaisseur des bajoyers au niveau de la banquette inférieure .... 4 mètres;
Épaisseur du radier .... 3 mètres

Cet ouvrage, construit dans un caisson métallique, en maçonnerie de moellons bruts à parements tétués, hourdés au mortier de chaux hydraulique dosé à 400 kilos de chaux par m³ de sable, avec couronnement des banquettes et escaliers en pierre de taille, nécessitera, avec ses accessoires et galeries de raccordement au puisard d'assèchement, une dépense que notre expérience de ces constructions nous permet d'évaluer à .... fr. 750 000

Le deuxième bassin, destiné à recevoir les navires de moyen tonnage, devra avoir les dimensions ci-après :

Longueur utile .... 200 mètres;
Largeur au niveau de couronnement .... 36 mètres;
Largeur au niveau du seuil de l'écluse .... 25 mètres;
Niveau du seuil de l'écluse à la côte .... 9.00 mètres;
Épaisseur des bajoyers au niveau du quai... 3 mètres;
Épaisseur des bajoyers au niveau de la banquette inférieure .... 8 mètres;
Épaisseur du radier .... 5 mètres;

La dépense de cet ouvrage, construit dans les conditions du précédent et avec des matériaux de même nature, peut être évaluée à .... fr. 3 000 000

La grande forme destinée à desservir les plus forts navires de demain, devra avoir les dimensions suivantes :

Longueur utile............................	350 mètres;
Longueur au niveau du couronnement..........	50 mètres;
Longueur au niveau du seuil de l'écluse.........	35 mètres;
Niveau du seuil de l'écluse à la côte.............	— 12 mètres;
Épaisseur des bajoyers au niveau du quai.......	3 mètres;
Épaisseur des bajoyers au niveau de la banquette inférieure	10 m. 50;
Épaisseur du raider.........................	6 mètres;

Nous pensons qu'un ouvrage de telles dimensions ne coûtera pas moins de.................................... fr. 8 000 000

Enfin le puisard d'assèchement de ces trois bassins, les cales de halage et accessoires de carénage, nécessiteront encore une dépense d'environ .... fr. 1 250 000

Voies ferrées et accessoires. — Un réseau complet de voies ferrées, pour desservir un grand port, doit atteindre, dans certains cas, un développement allant jusqu'à 20 kilomètres de voie par kilomètre de quai. Dans le cas du futur port de Tanger, avec ses 4 kilomètres 500 de développement de quais, il faudrait prévoir 90 kilomètres de voie ferrée, ce qui paraît excessif; nous nous tiendrons donc dans des limites plus modestes et nous admettrons que le réseau pourra atteindre 40.000 mètres de développement, ce qui représente, à fr. 25 le mètre, tout compris, une dépense de.................................... fr. 1 000 000

Chaussées. — Les chaussées pavées et empierrées jouant aussi un rôle important dans l'exploitation d'un grand port, nous avons prévu la construction d'une superficie de 100 000 m² de chaussées pavées à 10 fr. le mètre carré.................................... fr. 1 000 000
et 100 000 m² de chaussées empierrées à fr. 3,00, soit.... fr. 300 000

Bâtiments divers. — Pour les services administratifs, les hangars, quais couverts, docks, entrepôts et annexes, il convient de prévoir une vingtaine de constructions, couvrant environ 500 m², soit une surface totale de 50 000 m², à fr. 40 le mètre carré, ce qui nécessitera une dépense de .... fr. 2 000 000

Outillage. — Il n'y a pas de règles précises pour l'organisation de l'outillages d'un port; cet outillage, comme pour tout autre établissement industriel, doit être approprié à l'affectation du port; notre expérience nous permet de conclure, en partant toujours du principe qu'au port de Tanger est réservé un avenir brillant et prochain, et qu'il faudra pour son exploitation, y compris le matériel nécessaire à la construction dont l'amortissement est prévu dans les estimations qui précèdent :

6 grues mobiles de 1 500 kil	fr. 90 000	
6 grues mobiles de 3 000 kil	fr. 150 000	
2 mâtures flottantes de 20 tonnes ..	fr. 90 000	
1 mâture flottante de 60 tonnes....	fr. 100 000	
1 remorqueur de 250 chevaux	fr. 100 000	
1 vedette automobile de 30 chevaux	fr. 15 000	
1 drague de 300 chevaux..........	fr. 350 000	
10 chalands de formes et forces diverses	fr. 150 000	
Canalisation	fr. 500 000	
Feux de port	fr. 50 000	
Citernes, machineries diverses.....	fr. 405 000	fr. 2 000 000

Récapitulation

Digue Nord	2 850 000
Digue Est...................................	2 850 000
Dragages et remblais	5 600 000
Murs de quais................................	4 900 000
Bassins de raboud et appareils de carénage	13 000 000
Voies ferrées................................	1 000 000
Chaussées	1 300 000
Bâtiments divers.............................	2 000 000
Outillage	2 000 000
Total	fr. 35 500 0000

C'est donc une dépense globale de trente-cinq millions de francs qu'il y aurait lieu d'engager pour doter Tanger d'un grand port capable d'attirer les navires et de satisfaire à leur trafic; cette estimation n'a rien d'exagéré, si on la compare aux dépenses faites ou engagées à ce jour dans les ports suivants :

Oran	fr. 38 500 000
Alger	fr. 63 000 000
Tunis	fr. 25 000 000

Mais nous nous empressons d'ajouter que notre estimation est un maximum, que les progrès sans cesse croissants dans l'art de construire et les ressources locales permettront de réduire en cours de travaux; d'ailleurs répétons ici que, si les ouvrages extérieurs d'un port, directement exposés à la mer, doivent être construits avec toute solidité et d'une manière définitive, parce qu'ils constituent la base de l'édifice et sa principale garantie de sécurité, il n'en est pas de même des installa-

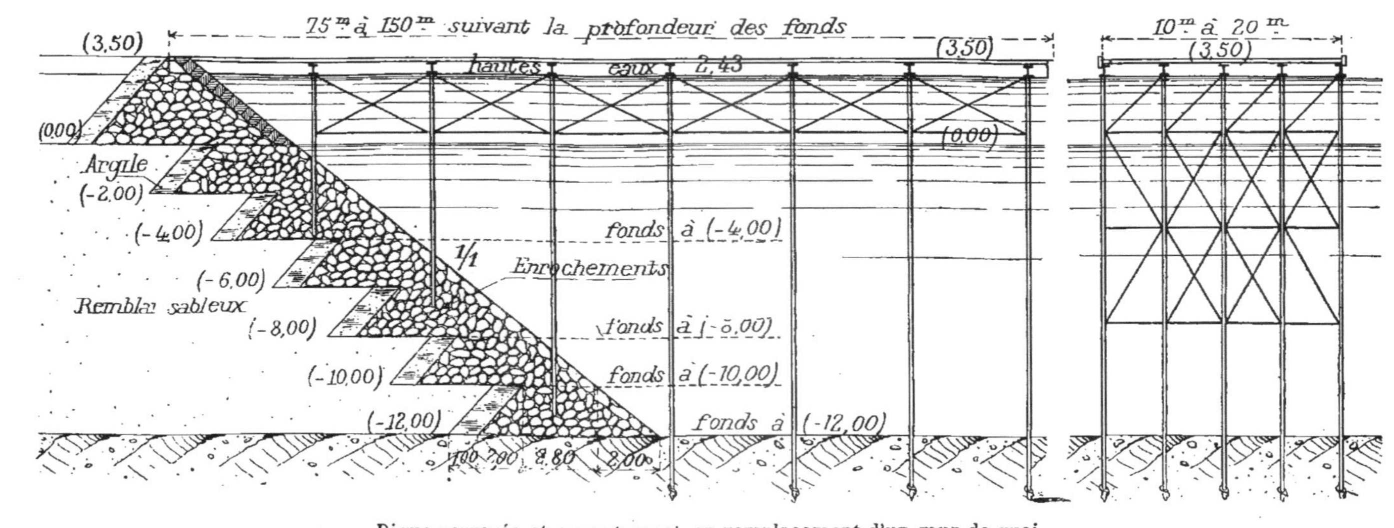

Digue perreyée et apponteme nt, en remplacement d'un mur de quai.

tions intérieures qui, en raison de leurs transformations constantes, pourraient très bien présenter un caractère plus provisoire et surtout plus économique.

Dès qu'il ne s'agit pas d'ouvrages destinés à défier les siècles, certains procédés industriels, plus simples et moins coûteux, ne sont peut-être plus à écarter d'une manière aussi absolue; toute installation maritime n'est en somme qu'une usine de manutention dans laquelle on doit s'efforcer avant tout de pouvoir assurer le trafic le plus intense au plus bas prix possible.

Le port de New-York, où l'État s'est simplement chargé des grands travaux extérieurs et où par contre toutes les autres installations n'ont qu'un caractère pour ainsi dire provisoire, faites aux frais des intéressés moyennant une redevance à l'administration du port, n'en n'est pas moins aujourd'hui le plus grand port du monde.

C'est ainsi que, dans cet ordre d'idées, au lieu de quais verticaux construits avec un certain luxe, comme dans les prévisions qui précèdent, on pourrait satisfaire tout aussi bien aux besoins d'un trafic plus modeste que celui auquel nous prétendons en remplaçant ces ouvrages par une digue perreyée sur laquelle s'enracineraient à la demande un certain nombre d'appontements, comme l'indique le croquis ci-joint.

Cette digue comportera un volume de moellons d'enrochements tout venant de 44 m³ par mètre courant, dans les fonds de 4 mètres, soit,

pour 900 mètres..................................	36 000 m³
Dans les fonds de 8 mètres le volume serait de 74 m³ sur 750 mètres..................................	55 500 m³
Dans les fonds de 10 mètres, le volume serait de 84 m³ sur 500 mètres..................................	42 000 m³
Dans les fonds de 12 mètres, le volume serait de 104 m³ sur 750 mètres..................................	78 000 m³
Cube total..................................	211 500 m³
A fr. 4,00 le mètre cube, la dépense serait de.........	fr. 846 000
Il faut y ajouter, pour maçonnerie du perré, 6 000 mètres à fr. 30..................................	fr. 180 000
Coût total de la digue......................	fr. 1 026 000

Quant aux appontements, nous pensons que 10 ouvrages ayant 75 à 150 mètres de longueur utile, 10 à 20 mètres de largeur, convenablement répartis, seraient suffisants pour un trafic de moyenne importance.

Ils correspondent en effet à un développement de quais de 3 000 mètres et un trafic de 1 500 000 tonnes, à raison de 500 tonnes par mètre courant de quai.

Leur superficie totale, qui serait d'environ 15 000 mètres carrés, nécessiterait une dépense que nous estimons à fr. 1 500 000.

Dans la même proportion et pour les mêmes raisons pourrait être réduite la surface des hangars-magasins, ce qui permettrait de ramener cette superficie à 10 bâtiments de 2 500 mètres carrés chacun, soit en totalité 25 000 m² à fr. 40, donnant une dépense de fr. 1 000 000.

D'autre part, si l'on se contentait pour le moment d'indiquer seulement qu'un outillage de radoub puissant deviendra nécessaire dans un avenir que l'on peut espérer prochain, on pourrait réserver pour cet avenir la construction du grand bassin de 350 mètres, primitivement prévu et n'entreprendre définitivement sa construction que lorsque les besoins du trafic ou une concurrence impérieuse le rendraient indispensable.

A cet effet, la formule de mise au concours des ouvrages sur des programmes d'ensemble, qui a donné des résultats si intéressants un peu partout, en permettant de mettre à profit l'expérience et l'initiative des consturcteurs, pourra présenter assurément, au Maroc plus qu'ailleurs, les mêmes avantages.

Notre estimation primitive pourrait donc être ramenée aux prévisions suivantes :

Digue du Nord	fr. 2 850 000
Digue Est	fr. 2 850 000
Dragages et remblais	fr. 5 500 000
Quais, verrés et appontements	fr. 2 500 000
Bassins de radoub et appareils de carénage	fr. 5 000 000
Voies ferrées	fr. 1 000 000
Chaussées	fr. 1 300 000
Bâtiments divers	fr. 1 000 000
Outillage	fr. 1 500 000
Total	fr. 23 500 000

Est-ce à dire que toutes nos prévisions sont à réaliser sans désemparer ? Évidemment non, car la plus élémentaire prudence recommande au contraire de réserver l'avenir et de ne dépenser qu'au fur et à mesure des besoins du trafic.

Ce trafic, d'après les prévisions qui font l'objet de l'étude ci-après, ne devant donner que dans un certain temps des recettes suffisantes pour couvrir l'intérêt et l'amortissement du capital de construction, nous avons prévu un délai d'environ 15 ans pour réaliser dans son entier le programme des travaux esquissés dans cette étude.

Exploitation commerciale du port de Tanger

En se reportant aux renseignements consignés dans les chapitres qui précèdent, on est amené à déduire que la création et l'exploitation d'un grand port à Tanger permettrait d'atteindre vers 1940, c'est-à-dire dans 30 années, les résultats suivants, si on les basait sur le développement qu'a pris le port d'Alger pendant les 30 dernières années.

Détails	Résultats obtenus en 1910 à Tanger	Augmentation annuelle à Alger	Résultats prévus pour 1940 à Tanger
Population	45 000	2 800	129 000
Passagers	30 000	2 470	104 000
Navires	3 000	340	13 200
Tonnage	2 100 000	482 000	16 500 000
Marchandises	60 000	89 900	2 750 000

Bien que calculées sur des résultats exceptionnellement brillants, ces prévisions pourraient être acceptées, car nous ne saurions trop répéter que Tanger est mieux situé qu'Alger sur la route du commerce maritime, et que cette dernière ville s'est développée au milieu des incertitudes et des tâtonnements qu'aujourd'hui l'expérience acquise des populations du Nord de l'Afrique permettra d'éviter à ceux qui auront mission de présider au développement économique du Maroc.

Il nous a néanmoins paru prudent de tabler sur les espérances plus modestes, mais aussi plus solides, tirées de la moyenne des résultats obtenus dans les quatre ports principaux de la côte algéro-tunisienne, c'est-à-dire à Oran, Alger, Tunis et Sfax, et plus particulièrement dans le port de Tunis, exploité depuis 1894, comme celui de Sfax, par une société concessionnaire.

Éléments de comparaison	Résultats obtenus en 1910 à Tanger	Augmentation moyenne annuelle dans les 4 ports	Résultats prévus pour 1940 à Tanger
Population	45 000	1 970	104 000
Passagers	30 000	1 500	75 000
Navires, entrées et sorties	3 000	205	9 000
Tonnage	2 100 000	193 000	8 000 000
Marchandises	60 000	46 400	1 450 000

Développement à prévoir du port de Tanger d'après les résultats obtenus à Alger de 1880 à 1910

	1910	1915	1920	1925	1930	1940	1950	1960
Population	45 000	59 000	73 000	87 000	101 000	129 000	157 000	185 000
Passagers	30 000	43 000	57 000	70 000	83 000	104 000	129 000	154 000
Navires (entrées et sorties)	3 000	4 700	6 400	8 100	9 800	13 200	16 600	20 000
Tonnage id. id.	2 100 000	4 500 000	7 000 000	9 200 000	11 600 000	16 500 000	21 300 000	26 000 000
Marchandises embarquées et débarquées	60 000	400 000	850 000	1 300 000	1 750 000	2 750 000	3 600 000	4 500 000
Taxes à percevoir sur les navires	151 200	455 000	758 000	1 060 000	1 370 000	2 079 000	2 686 000	3 400 000
id. id. marchandises	60 000	400 000	850 000	1 300 000	1 750 000	2 750 000	3 650 000	4 500 000
id. id. passagers	48 000	68 800	91 000	112 000	132 800	166 400	206 400	246 400
Ventes et location de terrains	»	»	300 000	600 000	751 000	600 000	»	»
Totaux des recettes annuelles	249 200	923 800	1 999 000	3 072 000	4 022 800	5 595 400	6 542 400	8 146 000
Frais annuels d'exploitation	100 000	180 000	340 000	455 000	525 000	687 500	912 500	1 125 000
Dépenses d'entretien	»	100 000	200 000	350 000	350 000	500 000	600 000	750 000
Totaux des frais annuels	100 000	280 000	540 000	705 000	875 000	1 187 500	1 512 500	1 875 000
Reste disponible annuellement	149 200	643 000	1 459 000	2 367 000	3 147 800	4 507 900	5 029 900	6 271 000
Dépenses en travaux neufs	»	11 000 000	23 000 000	35 000 000	35 000 000	35 000 000	35 000 000	35 000 000
Annuité d'amortissement et d'intérêt à 5 % de ce capital	»	620 000	1 300 000	2 000 000	2 000 000	2 000 000	2 000 000	2 000 000
Bénéfices nets annuels	149 200	43 000	159 000	367 000	1 147 800	2 507 000	3 029 900	4 271 000
Déficit ou fonctionnement de la garantie de l'Etat	»	»	»	»	»	»	»	»

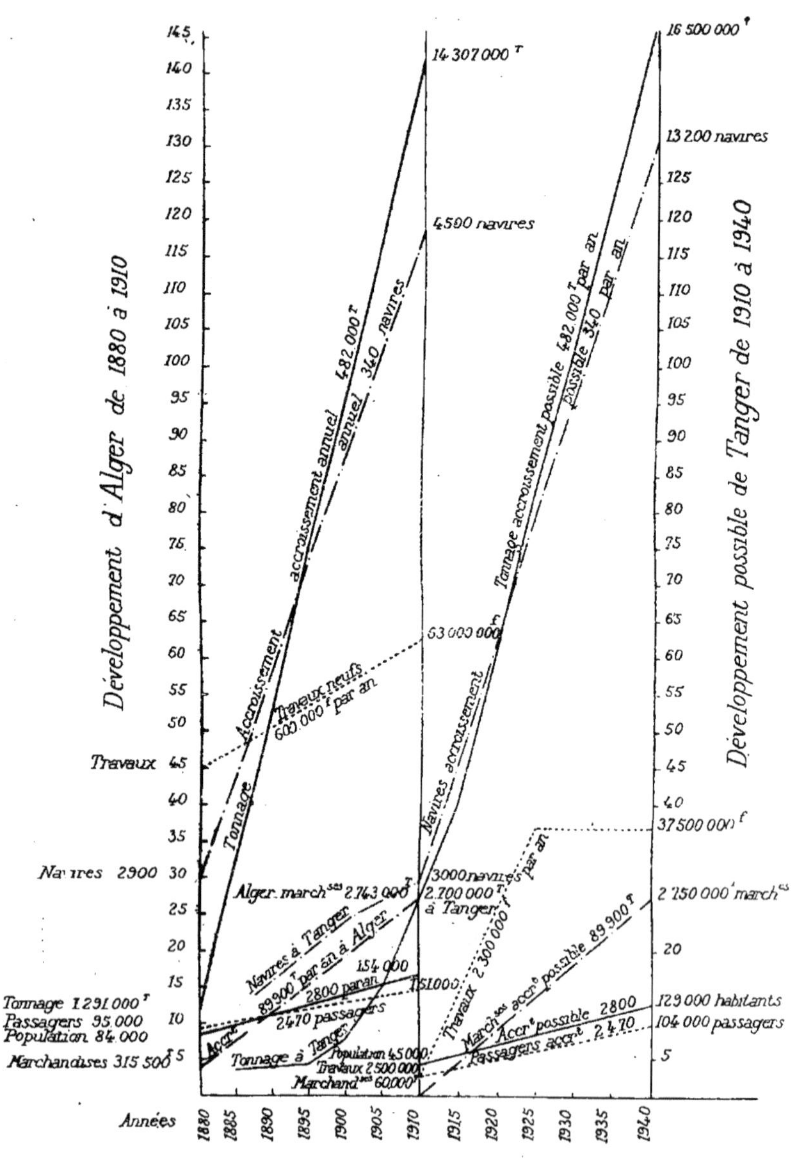

Mouvement comparé du trafic à Alger et à Tanger

Développement probable du port de Tanger d'après les résultats obtenus à Tunis depuis l'exploitation de ce port par la Compagnie concessionnaire (1894)

Années......	1910	1915	1920	1925	1930	1940	1950	1960
Passagers........................	30 000	41 500	53 000	64 500	66 000	89 000	112 000	135 000
Navires (entrées et sorties)........	30 000	3 470	3 940	4 410	4 880	5 820	6 060	7 700
Tonnage id. id.........	2 100 000	2 560 000	3 020 000	3 480 000	3 940 000	4 860 000	5 780 000	6 700 000
Marchandises id. id.........	60 000	300 000	533 500	770 000	1 007 000	1 480 500	1 954 000	2 427 500
Taxes à percevoir sur les passagers.	48 000	66 400	84 800	95 000	105 600	142 400	179 200	210 000
id. id. id. navires...	151 200	322 560	380 520	438 500	496 440	612 360	728 280	844 200
id. id. id. marchandises	60 000	300 000	533 500	770 000	1 007 000	2 235 260	2 861 180	3 481 700
Ventes et locations de terrains.....	»	»	300 000	750 000	750 000	600 000	»	»
Totaux des recettes annuelles......	259 200	688 960	1 298 820	2 053 500	2 359 040	3 590 020	3 768 960	4 535 900
Frais annuels d'exploitation	100 000	130 000	200 000	270 000	300 000	370 000	490 000	600 000
Dépenses d'entretien..............	»	100 000	150 000	230 000	230 000	230 000	350 000	500 000
Totaux des frais annuels..........	100 000	230 000	390 000	500 000	530 000	600 000	841 000	1 100 000
Reste disponible annuellement	159 200	458 960	908 820	1 553 500	1 829 040	2 990 000	2 928 760	3 435 900
Dépenses en travaux neufs	»	7 500 000	15 000 000	23 000 000	23 000 000	23 000 000	23 000 000	23 000 000
Annuité d'amortissement et d'intérêt à 5 °/o de ce capital..........	»	420 000	860 000	1 350 000	1 350 000	1 350 000	1 350 000	1 350 000
Bénéfices nets annuels............	159 200	38 960	48 820	200 500	1 411 020	479 040	1 578 960	2 085 900
Déficit ou fonctionnement de la garantie de l'Etat...............	»	»	»	»	»	»	»	»

Développement probable du port de Tanger basé sur les résultats obtenus dans les ports principaux de la côte algéro-tunisienne

Années	1910	1915	1920	1925	1930	1940	1950	1960
Population	45 000	54 000	64 000	73 500	84 000	104 000	124 000	144 000
Passagers	30 000	37 700	45 000	52 500	60 000	76 000	90 000	105 000
Navires (entrées et sorties)	3 000	4 000	5 000	6 000	7 000	9 000	11 000	13 000
Marchandises id. id.	60 000	290 000	520 000	750 000	980 000	1 450 000	1 900 000	2 500 000
Tonnage id. id.	2 100 000	3 000 000	4 000 000	5 000 000	6 000 000	8 000 000	10 000 000	12 000 000
Taxes à percevoir sur les passagers.	48 000	60 300	72 000	104 000	114 000	121 600	144 000	168 000
id. navires	151 200	272 700	394 200	515 700	637 400	1 008 000	1 250 000	1 600 000
id. marchandises.	60 000	290 000	520 000	750 000	980 000	1 450 000	1 900 000	2 500 000
Ventes et locations de terrains	»	»	300 000	600 000	750 000	600 000	»	»
Totaux des recettes annuelles	259 200	623 000	1 286 200	1 969 700	2 481 400	3 179 600	3 294 000	4 268 000
Frais annuels d'exploitation	100 000	130 000	228 000	262 500	294 000	362 500	475 000	625 000
Dépenses d'entretien	»	100 000	150 000	230 000	230 000	230 000	350 000	500 000
Totaux des frais annuels	100 000	230 000	370 000	492 500	524 000	592 500	825 000	1 125 000
Reste disponible annuellement	159 200	393 000	908 200	1 477 200	1 957 400	2 587 100	2 469 000	3 143 000
Dépenses en travaux neufs	»	7 500 000	15 000 000	23 000 000	23 000 000	23 000 000	23 000 000	23 000 000
Annuité d'amortissement et d'intérêt à 5 °/₀ de ce capital	»	420 000	860 000	1 350 000	1 350 000	1 350 000	1 350 000	1 350 000
Bénéfices nets annuels	159 200	»	48 200	127 200	127 200	1 237 100	1 119 000	1 793 000
Déficit ou fonctionnement de la garantie de l'Etat	»	27 000	»	»	»	»	»	»

Si aux quantités prévues dans les deux cas sus visés, on applique les tarifs prohibitifs et arbitraires en vigueur dans le port de Tanger, on obtient les prévisions de recettes ci-après :

Recettes	Premier cas		Deuxième cas	
	1910	1940	1910	1940
1° — Sur les navires :				
Pilotage à fr. 25	75 000	350 000	75 000	225 000
Amarrage à fr. 20	60 000	244 000	60 000	180 000
Droit sanitaire à fr. 17,20	51 000	227 000	51 000	154 800
Totaux payés par les navires	186 600	821 000	186 600	559 800
2° — Sur les marchandises embarquées et débarquées, à fr. 4,50 la tonne	270 000	12 375 000	270 000	6 525 000
Totaux des perceptions	456 600	13 196 000	456 600	7 084 800

Mais avec le système administratif pratiqué jusqu'à ce jour au Maroc, on se demande où sont allées ces recettes et ce qu'elles deviendraient demain si les fonctionnaires marocains chargés de la perception des taxes continuaient d'acheter leurs places du gouvernement et d'exercer leur mission sans contrôle.

D'autre part, si l'on envisage la concession de l'exploitation du port de Tanger à une société, il nous paraît intéressant de mettre en évidence les résultats que nous avons obtenus dans les ports de Tunisie, et au développement desquels nous avons collaboré comme chef des services de la Société concessionnaire.

Le graphique de la page 90 montre que, depuis 1894, date de la concession, les recettes annuelles d'exploitation du seul port de Tunis ont augmenté de .... 500 %
le nombre des navires, de .... 50 %
le nombre des passagers, de .... 60 %
le tonnage des navires, de .... 120 %
les marchandises embarquées et débarquées, de .... 350 %

Les recettes brutes qui se sont élevées en 1907 à ...... fr. 1 282 554
ont été payées par les navires à concurrence de .... fr. 275 788
pour un tonnage de 2 197 623 tonnes,

Soit une moyenne par tonneau de jauge de .... fr. 0 126

Les marchandises embarquées et débarquées ont été taxées pour la somme totale de .... fr. 780 410
pour 777 531 tonnes,

ce qui donne, par tonne, la taxe moyenne de .... fr. 1 00

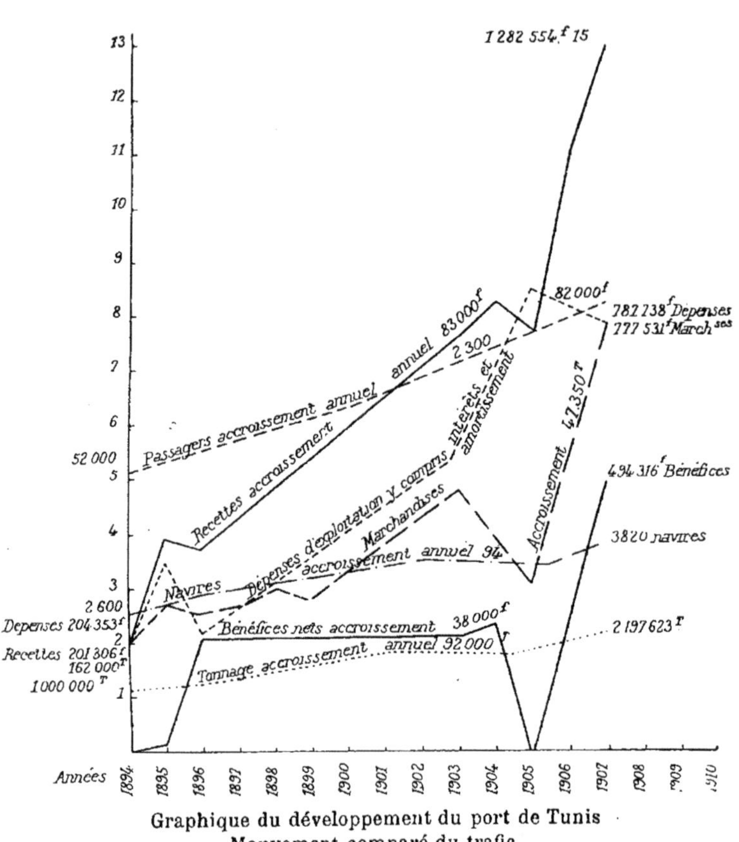

Graphique du développement du port de Tunis
Mouvement comparé du trafic

Les 82 000 passagers entrés et sortis ont versé	fr. 133 096
soit, chacun..................................	fr. 1,62
Enfin, les locations de terrains et divers autres produits ont donné	fr. 93 252,85
ce qui représente environ 7 % des recettes totales.	
Les frais d'exploitation proprement dits se sont élevés à	fr. 333 496
ce qui donne, par tonne de marchandises manutentionnée, une moyenne de frais de....................	fr. 0,45
et l'on remarque que cette moyenne, qui était en 1895 de..	fr. 0,60

a une tendance à baisser au fur et à mesure de l'augmentation du trafic.

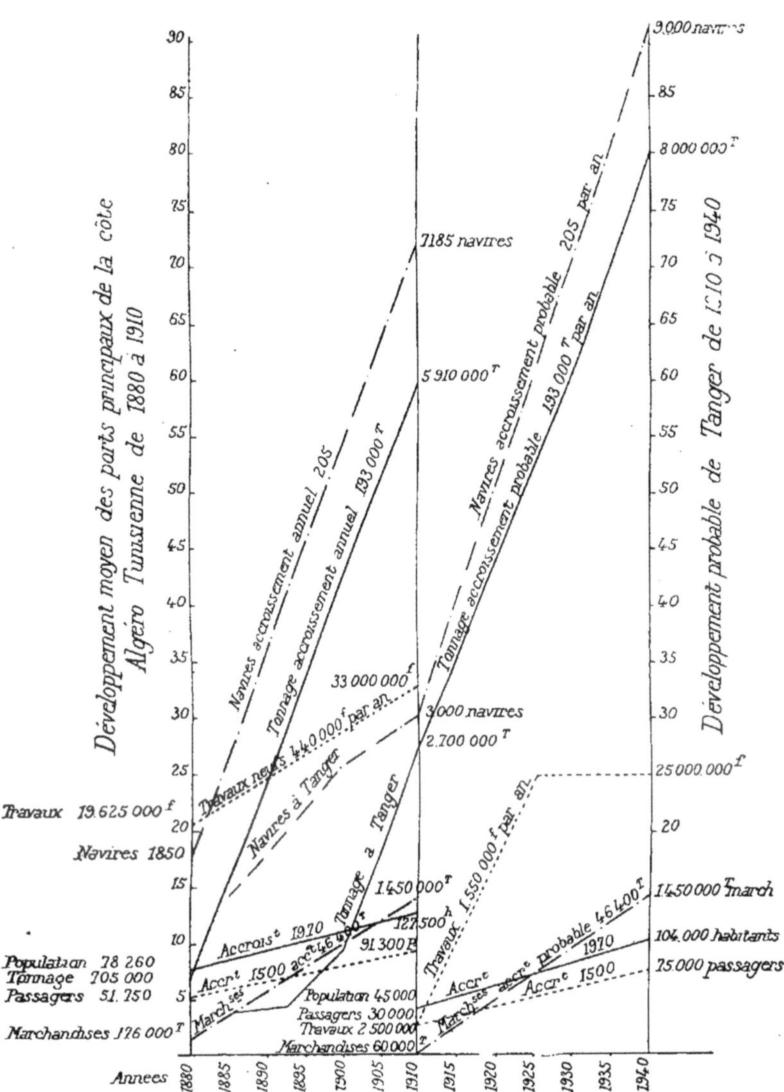

Mouvement comparé du trafic des ports algéro-tunisiens et du port de Tanger

Les frais d'entretien des ouvrages du port ont atteint la somme de .... fr. 246 085

Soit 1 % environ du capital de premier établissement.

Dans les ports d'Alger et d'Oran, ces frais varient, chaque année, entre 100 000 et 150 000 francs; s'ils sont plus élevés à Tunis, cela tient à ce que les ouvrages de ce port, fondés sur la vase molle, nécessitent de fréquentes réparations pour racheter les dénivellations ou pour remplacer

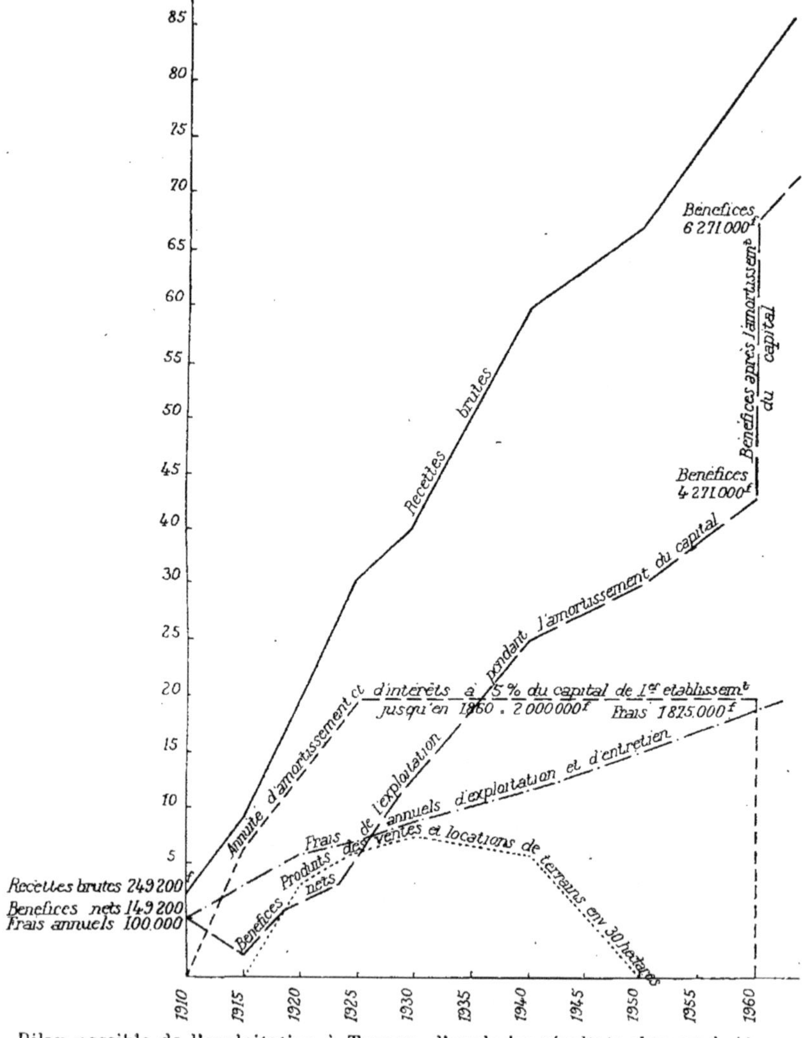

Bilan possible de l'exploitation à Tanger, d'après les résultats obtenus à Alger (1880-1910)

les matériaux légers et rapidement mis hors d'usage qui sont entrés dans leur construction.

L'application des tarifs de Tunis, au trafic calculé dans les deux cas sus visés, donnerait pour Tanger, 20 ans après sa concession, les résultats ci-après :

Éléments de calcul des recettes	D'après les résultats d'Alger		D'après la moyenne des ports algéro-tunisiens	
	Quantités	Recettes	Quantités	Recettes
Tonnage des navires..........	11 600 009	1 370 000	6 000 000	637 400
Marchandises...............	1 750 000	1 750 000	980 000	980 000
Passagers..................	83 000	132 800	60 000	114 000
Divers.....................		220 000		105 000
Totaux des recettes....		3 472 800		1 836 400

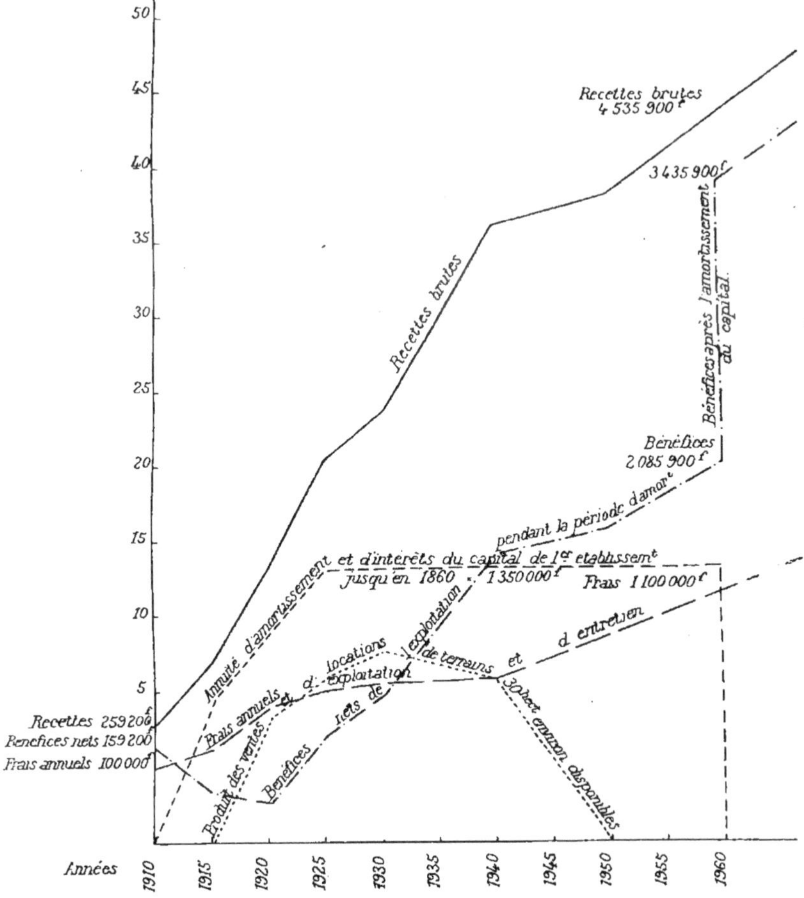

Bilan probable de l'exploitation du port de Tanger, d'après les résultats obtenus à Tunis depuis la concession (1894)

On remarquera, dans les prévisions détaillées qui font l'objet des graphiques et tableaux ci-annexés, que le montant total des recettes comprend le produit des ventes et locations de terrains.

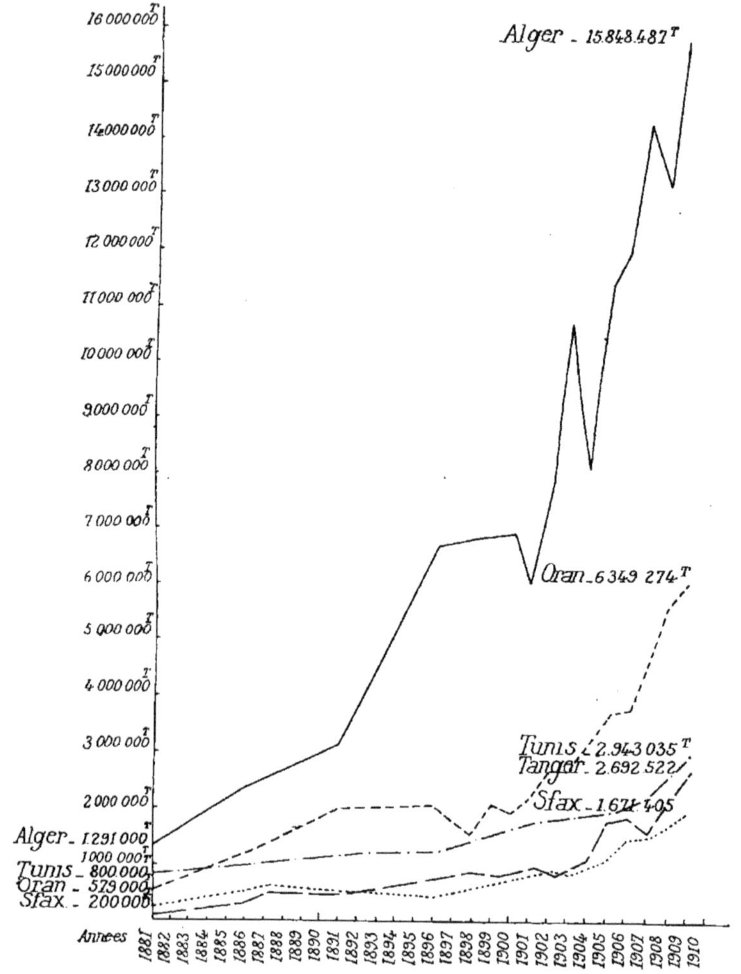

Mouvement de la population dans les ports principaux de la côte algéro-tunisienne

Rappelons à ce sujet que notre étude technique a prévu une disponibilité d'au moins 30 hectares de terrains à vendre, sur la surface totale de 100 hectares à conquérir sur la mer; nous avons estimé que ces 300 000 m² de terrain pourront être mis en vente 10 ans après le commencement des travaux, à raison de 15 000 m² par an, à fr. 20 le m², pour être soldés à raison de fr. 60 à 80.

Nous avons, d'autre part, compté l'amortissement du capital de premier établissement en 45 ans, à raison de 5 % d'intérêt, c'est-à-dire au

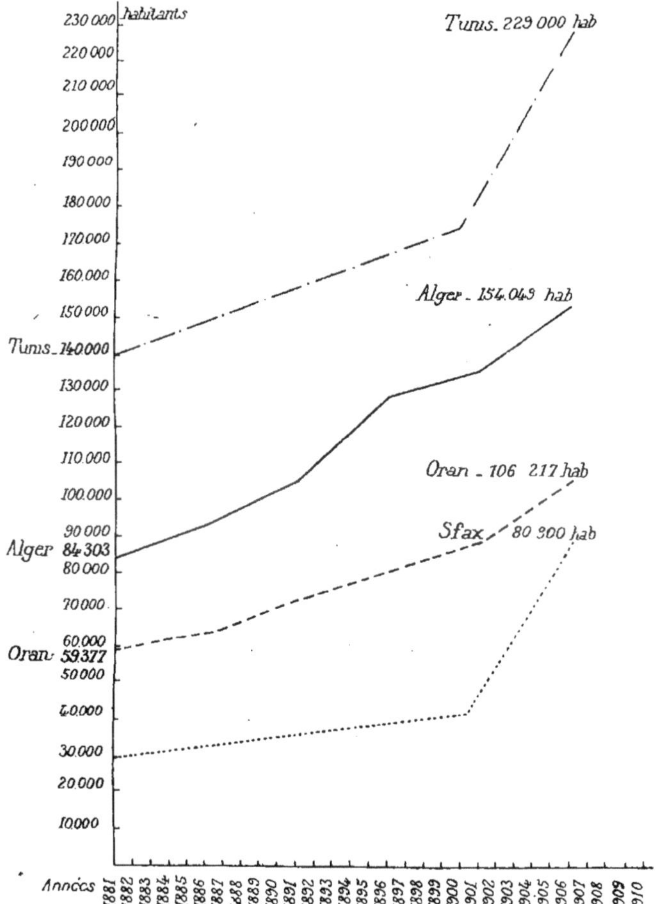

Mouvement de la population dans les ports principaux de la côte algéro-tunisienne

taux des derniers emprunts contractés en France par le gouvernement marocain; il convient de remarquer à ce sujet qu'au fur et à mesure que le Maroc gagnera la confiance publique, ce taux pourra être baissé, et peut-être ramené prochainement au taux moyen appliqué pour les emprunts publics en Algérie et en Tunisie, les disponibilités résultant de cette conversion ne pourront qu'ajouter aux aspects favorables sous lesquels se présente l'affaire du port de Tanger et que tendent à démontrer les graphiques et tableaux ci-annexés.

Montrons, en dernier lieu, que les tarifs qui ont servi de base à nos calculs de rendement se rapprochent très sensiblement de ceux qui sont en vigueur dans les autres ports de l'Afrique du Nord, et insistons sur ce fait que non seulement l'exécution des grands travaux améliorera considérablement les conditions de manutention des marchandises, mais qu'elle aura aussi pour effet de dégrever de 60 % les frais de réception et d'expédition auxquels elles sont présentement assujetties; c'est ce que tend à démontrer le compte ci-après des frais qu'aurait à supporter un navire jaugeant 1 000 tonnes, faisant escale pour débarquer 300 tonnes et en embarquer 500.

<table>
<tr><th rowspan="2">Taxes perçues</th><th rowspan="2">Oran</th><th rowspan="2">Alger</th><th rowspan="2">Tunis</th><th colspan="2">Tanger</th></tr>
<tr><th>Actuellement</th><th>Après la construction du port</th></tr>
<tr><td></td><td>francs</td><td>francs</td><td>francs</td><td>francs</td><td>francs</td></tr>
<tr><td>Pilotage</td><td>40</td><td>30</td><td>30</td><td>25</td><td>30</td></tr>
<tr><td>Amarrage</td><td>15</td><td>10</td><td>20</td><td>20</td><td>20</td></tr>
<tr><td>Droits sanitaires</td><td>100</td><td>100</td><td>90</td><td>17</td><td>90</td></tr>
<tr><td>Droits de quai</td><td>500</td><td>230</td><td>800</td><td rowspan="2">3 500</td><td>800</td></tr>
<tr><td>Arrimage ou acconage</td><td>800</td><td>800</td><td>400</td><td>400</td></tr>
<tr><td>Courtiers maritimes</td><td>40</td><td>40</td><td>»</td><td>»</td><td>»</td></tr>
<tr><td>Totaux</td><td>1 545</td><td>1 210</td><td>1 340</td><td>3 582</td><td>1 340</td></tr>
</table>

En résumé, nous croyons sincèrement que la construction d'un grand port à Tanger, dans les conditions que nous avons esquissées, est politiquement et économiquement nécessaire, non pas seulement au Maroc, mais aussi au commerce universel.

Nous espérons avoir suffisamment justifié notre opinion, comme nous croyons aussi avoir réussi à prouver que l'exploitation d'un tel organisme par l'industrie privée donnerait aux capitaux engagés des rendements très satisfaisants, en même temps qu'elle procurerait d'appréciables revenus pour l'État, par une participation directe dans les bénéfices nets et, indirectement, par l'augmentation des recettes douanières résultant de l'augmentation du trafic.

Quand, pressé et conseillé par la puissance protectrice, le gouvernement marocain entrera résolument dans ces vues, il est clair qu'il devra se réserver le droit de contrôle sur l'exécution des travaux et la perception régulière des taxes autorisées.

Mais, pour la dignité des fonctionnaires marocains, comme pour la sécurité des ressources de l'État, il est indispensable de rompre à bref délai avec des pratiques équivoques et de confier à des industriels expérimentés, outillés et organisés dans ce but, le soin de créer les grands services publics, ports, chemins de fer, etc., et de les exploiter au nom de l'État. Le commerce local aussi bénéficiera largement de cette décentralisation, car il sera en grande partie dégrevé de lourdes charges mal employées et totalement improductives, tout en étant assuré d'obtenir les installations qui lui sont nécessaires.

Ce système n'est d'ailleurs pas nouveau, il en existe partout ailleurs

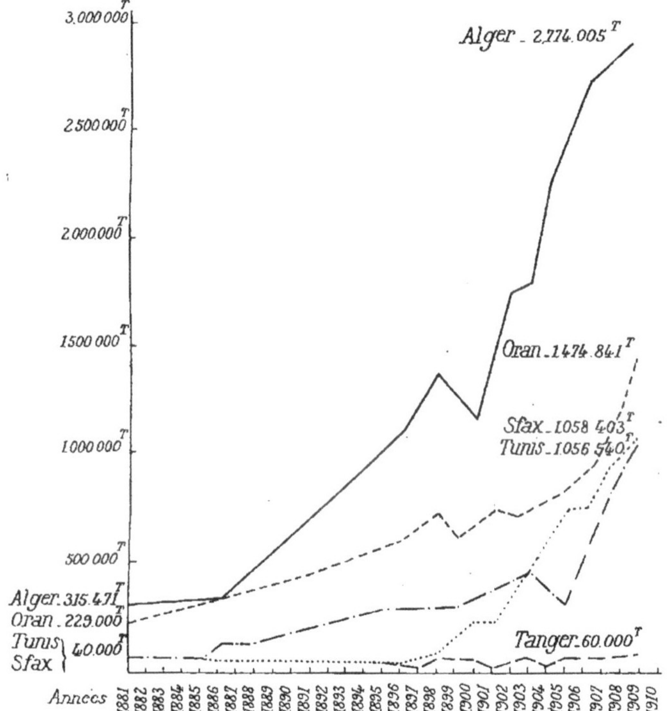

Graphique des marchandises embarquées et débarquées dans les ports principaux de la côte nord-africaine

de nombreux exemples, et nous rappelons même que c'est la règle générale adoptée pour les chemins de fer; en ce qui concerne la concession des ports, elle s'est employée moins couramment jusqu'à ce jour; cependant, sans rappeler ici l'exemple bien connu de la Tunisie, signalons que l'Espagne a, depuis 1870, remis la gestion de ses ports à des commissions spéciales, composées, pour chacun d'eux, des délégués des principaux intéressés.

L'Italie a suivi son exemple pour le port de Gênes.

En Angleterre, l'organisation diffère d'un port à l'autre et le pouvoir central, une fois que l' « Act » du Parlement a constitué le pouvoir local, ne

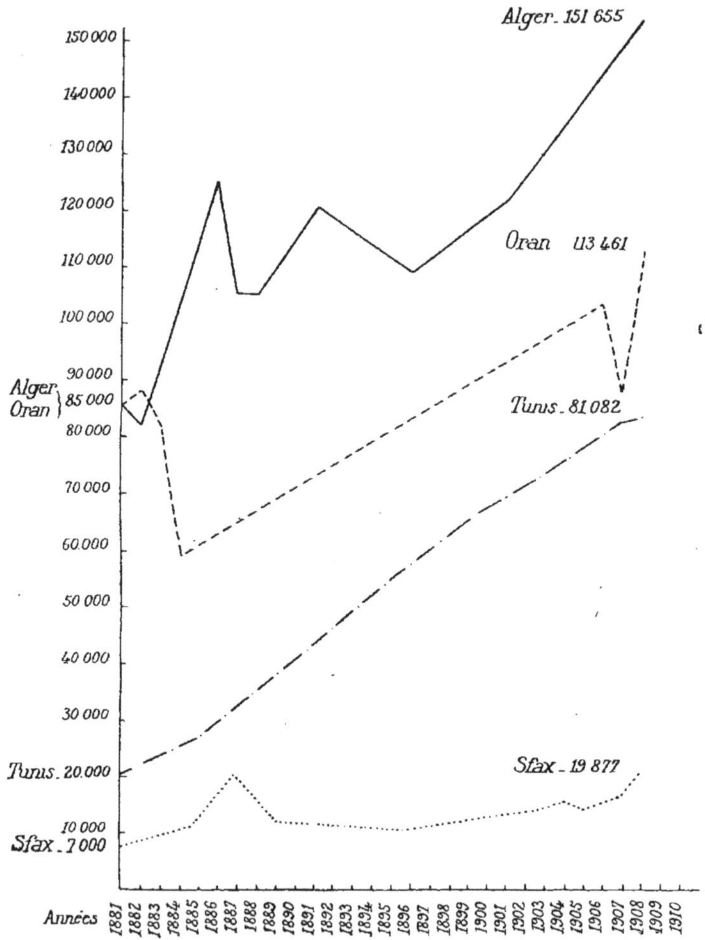

Mouvement des passagers dans les principaux ports de la côte algéro-tunisienne

conserve plus aucun droit d'intervention ni même de contrôle direct.

A Londres, l'administration du port est entre les mains des conservateurs de la Tamise, élus par les intéressés ou nommés par l'Amirauté.

L'administration du port de Liverpool est analogue.

Southampton appartient à une compagnie de chemins de fer, Cardiff a une société anonyme, tandis que le port de Bristol est administré par la municipalité de la ville.

Tous ces ports subviennent directement à leurs dépenses. L'État ne leur donne aucun secours, mais ne limite pas leur initiative.

Les ports de Hambourg et de Brême sont administrés par des conseils locaux; les ports hollandais sont entre les mains des municipalités, sous le contrôle de l'État.

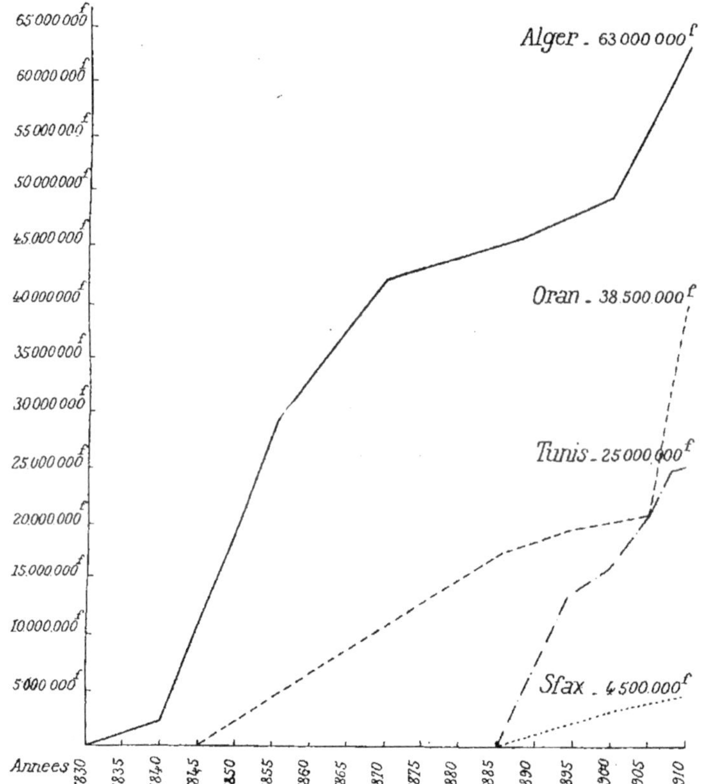

Graphique des dépenses de construction, améliorations et agrandissements des principaux ports de la côte algéro-tunisienne

En Belgique, le port d'Anvers a été remis à la municipalité, l'État ne conservant que les quais de l'Escault et la voie ferrée.

En France, on paraît vouloir entrer résolument dans cette voie de décentralisation; sous la poussée de l'opinion publique, le gouvernement a présenté à l'approbation du Parlement un projet de loi qui prévoit que l'administration d'un port maritime de commerce sera confiée à un conseil spécial, lequel sera chargé de la gestion du port, de son entretien, de ses accès, de son amélioration, de sa police, etc.

Enfin, un congrès, qui s'est tenu le 22 août 1910 à la Rochelle et auquel ont pris part les personnalités françaises les plus en vue dans le commerce, a émis les vœux suivants :

Que, dans tous les ports, des accès seront ménagés de manière à permettre l'accès des navires à toute heure de la marée, le tirant d'eau à prévoir dans ce but paraissant être de 12 mètres;

Que, dans tous les ports, des accès soient ménagés de manière à chargement et le déchargement rapide des navires; que le mouvement des wagons puisse se faire par rames et non par unités;

Que les voies appartiennent aux ports et non aux compagnies de chemins de fer, sauf entente avec celles-ci pour la traction;

Que le transit direct des voyageurs entre les paquebots et les chemins de fer soit organisé dans tous les ports d'escale;

Que les dépenses faites pour les ports soient toujours proportionnées à leur utilité immédiate, en évitant les ouvrages à rendement éloigné et en tenant compte, dans le mode de construction, de la transformation rapide de l'outillage;

Que, pour obtenir ces résultats, les divers services de l'exploitation des ports soient concentrés dans les mains des entités intéressées à leur bonne marche et à leur développement;

Qu'il soit fait largement appel aux capitaux privés pour l'exécution des travaux nécessaires, aux dépenses desquels le budget de l'État ne saurait suffire.

Résultats financiers de l'entreprise du port de Tanger

Nous avons vu dans les précédents chapitres que l'application des tarifs en vigueur dans le port de Tanger, sur les éléments de son trafic actuel, donne une recette de........................ fr. 456 000

Que ces tarifs prohibitifs et arbitraires, ramenés aux conditions plus libérales et plus normales en usage dans les autres ports de l'Afrique du Nord, feraient baisser momentanément ces recettes à..................... fr. 259 200

Si l'on déduit de chacune de ces deux recettes le montant des frais d'exploitation, que nous avons évalués à.. fr. 100 000

il resterait disponible, dans le premier cas........... fr. 356 000

et dans le deuxième cas........................ fr. 159 200

somme suffisante pour amortir en 50 années, avec intérêt à 5 % un capital de......................... fr. 6 500 000

dans le premier cas, et d'environ 3 000 000 dans le second cas.

L'État marocain serait donc en droit d'exiger que l'industriel qui aspirerait à devenir concessionnaire du port de Tanger disposât d'un capital d'au moins........... fr. 3 000 000

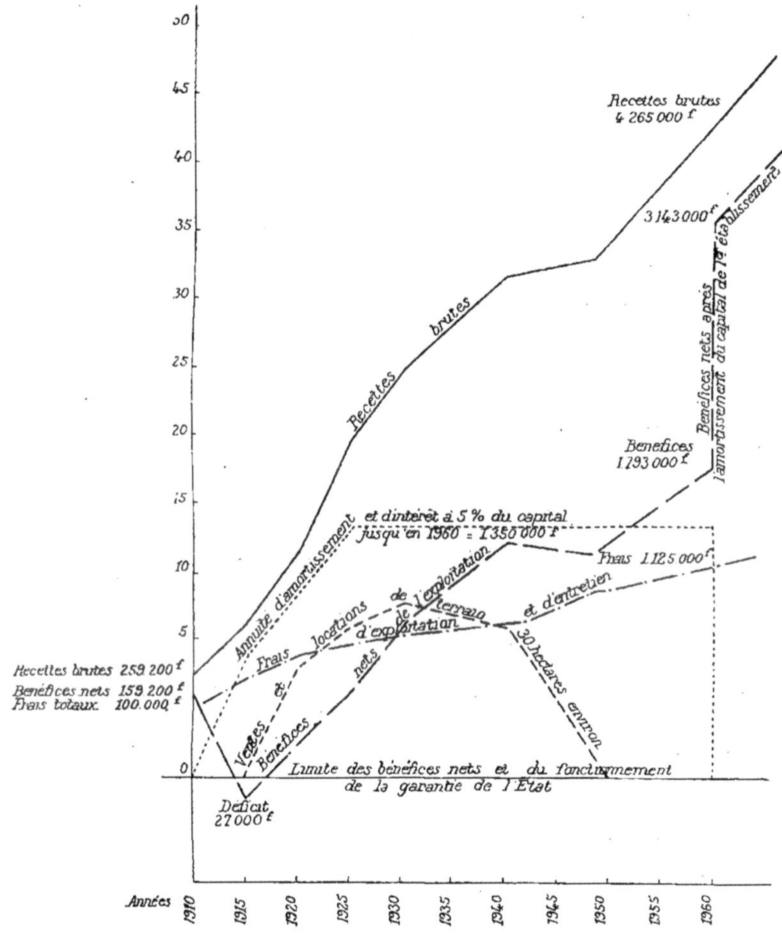

Résultats financiers de l'exploitation commerciale du port de Tanger d'après les prévisions comparées avec l'exploitation des ports algéro-tunisiens

pour faire face aux premières dépenses devant résulter de l'exécution des travaux que nous avons esquissés dans la présente étude.

Pour se rembourser de ses avances, et pour mener à bonne fin l'achèvement desdits travaux, le concessionnaire serait tenu de contracter

Résultats financiers probables

1° D'APRÈS LE TRAFIC COMPARÉ A CELUI DU PORT D'ALGER

	1910	1920	1930	1940	1950	1960
Montant des recettes brutes	249 000	1 999 000	4 022 800	5 596 400	6 542 400	8 146 000
Frais annuels d'exploitation	100 000	340 000	525 000	687 500	912 500	1 123 000
Travaux d'entretien	»	200 000	350 000	500 000	600 000	750 000
Amortissement du capital-actions	»	169 000	169 000	169 000	169 000	169 000
Amortissement du capital-obligations	»	1 131 000	1 831 000	1 831 000	1 831 000	1 331 000
Bénéfices nets d'exploitation	149 000	159 000	1 147 800	2 507 000	3 029 900	4 271 000
Part de bénéfices à l'Etat.	74 500	79 500	598 510	1 547 000	1 940 587	2 933 460
id. à la Compagnie.	74 500	79 500	549 270	960 000	1 089 313	1 327 533
Bénéfices sur travaux à la Compagnie	»	250 000	35 000	50 000	60 000	75 000
Totaux des bénéfices à la Compagnie	74 500	329 500	584 270	1 010 000	1 149 313	1 467 533
Dividende au capital actions	2,5 %	11 %	19 %	34 %	38 %	48 %

2° D'APRÈS LE TRAFIC COMPARÉ A CELUI DU PORT DE TUNIS

	1910	1920	1930	1940	1950	1960
Montant des recettes brutes	259 200	1 298 000	2 359 000	3 590 000	3 768 000	4 535 900
Frais annuels d'exploitation	100 000	240 000	300 000	370 000	490 000	600 000
Travaux d'entretien	»	150 000	230 000	230 000	350 000	600 000
Amortissement du capital-actions	»	169 000	169 000	169 000	169 000	169 000
Amortissement du capital-obligations	»	691 000	1 181 000	1 181 000	1 181 000	1 181 000
Totaux des dépenses annuelles	100 000	1 250 000	1 880 000	1 950 000	2 190 000	2 450 000
Bénéfices nets de l'exploitation	159 200	48 820	479 040	1 411 000	1 578 960	2 085 900
Part de bénéfices à l'Etat.	79 600	24 410	239 520	774 000	885 960	1 230 900
id. à la Compagnie.	79 600	24 410	239 520	637 000	693 000	855 000
Bénéfices sur travaux à la Compagnie	»	165 000	23 000	23 000	35 000	50 000
Totaux des bénéfices à la Compagnie	79 600	189 410	262 520	660 000	728 000	905 000
Dividende au capital-actions	2,6 %	6 %	9 %	22 %	24 %	30 %

3° D'APRÈS LE TRAFIC COMPARÉ A LA MOYENNE DES PORTS ALGÉRO-TUNISIENS

	1910	1920	1930	1940	1950	1960
Montant des recettes brutes	259 200	1 286 200	2 481 400	3 179 600	3 294 000	4 268 000
Frais annuels d'exploitation	100 000	228 000	294 000	362 500	475 000	625 000
Travaux d'entretien	»	150 000	230 000	230 000	350 000	500 000
Amortissement du capital-actions	»	169 000	169 000	169 000	169 000	169 000
Amortissement du capital-obligations	»	691 000	1 181 000	1 181 000	1 181 000	1 181 000
Totaux des dépenses annuelles	100 000	1 238 000	1 874 000	1 942 500	2 175 000	2 475 000
Bénéfices nets de l'exploitation	159 200	48 200	607 400	1 237 100	1 119 000	1 793 000
Part de bénéfices à l'Etat.	79 600	24 100	303 700	658 100	579 000	1 029 000
id. à la Compagnie.	79 600	24 100	303 700	579 000	540 000	764 000
Bénéfices sur travaux à la Compagnie	»	165 000	23 000	23 000	35 000	50 000
Totaux des bénéfices à la Compagnie	79 600	189 100	326 700	602 000	575 000	814 000
Dividende au capital-actions	2,6 %	6 %	11 %	20 %	19 %	27 %

des emprunts amortissables pour lesquels un intérêt de 5 % pourrait être garanti à ses prêteurs par l'État marocain.

Pour effectuer le paiement de ces intérêts et amortissements, il serait prélevé, chaque année, la somme suffisante sur les recettes brutes de l'exploitation; le reste disponible de ces recettes, déduction faite des frais d'exploitation et des dépenses d'entretien des ouvrages du port, constituerait les bénéfices nets qui seraient à partager en proportions convenables entre l'État et le concessionnaire.

Dans le tableau ci-contre nous avons prévu que ces proportions seraient de moitié pour chacun jusqu'à .... fr. 1 000 000
Sur le surplus, jusqu'à .... fr. 2 000 000
l'État prélèverait 2/3 et le concessionnaire 1/3.

Sur le surplus de 2 000 000, et jusqu'à 3 000 000, la part de l'État atteindrait les 3/4 et celle du concessionnaire 1/4.

Enfin, sur l'excédent de 3 000 000, le partage se ferait à raison de 4/5 au profit de l'État et de 1/5 au profit du concessionnaire.

Les travaux de construction du port ayant fait préalablement l'objet d'estimations forfaitaires entre les ingénieurs du concessionnaire et ceux de l'État, ces derniers n'auront besoin d'intervenir que dans le contrôle technique de l'exécution.

Si, dans certains cas, il y avait lieu de recourir à des appels d'offres ou à des adjudications, au profit des constructeurs spécialistes, le concessionnaire recevrait bonification de 15 % sur le montant des prix de revient, pour lui tenir compte de ses avances de fonds, frais spéciaux et bénéfices.

Ainsi organisée, l'affaire paraît devoir donner à une société anonyme au capital de 3 000 000 de francs les résultats résumés dans le tableau ci-devant, où sont prévus des dividendes annuels croissant de 2,50 % à 48 % après amortissement du capital.

ÉTUDES D'ANNEXES

Alimentation en eau potable

L'étude de la construction et de l'exploitation d'un grand port à Tanger serait incomplète si l'on ne prévoyait, pour les besoins des navires qui le fréquenteront, les principaux éléments indispensables à leur alimentation, et notamment l'eau douce.

Marchands d'eau, à Tanger

Nous avons donc pris pour objet de déterminer dans quelles conditions économiques il est possible d'amener à Tanger les eaux environnantes,

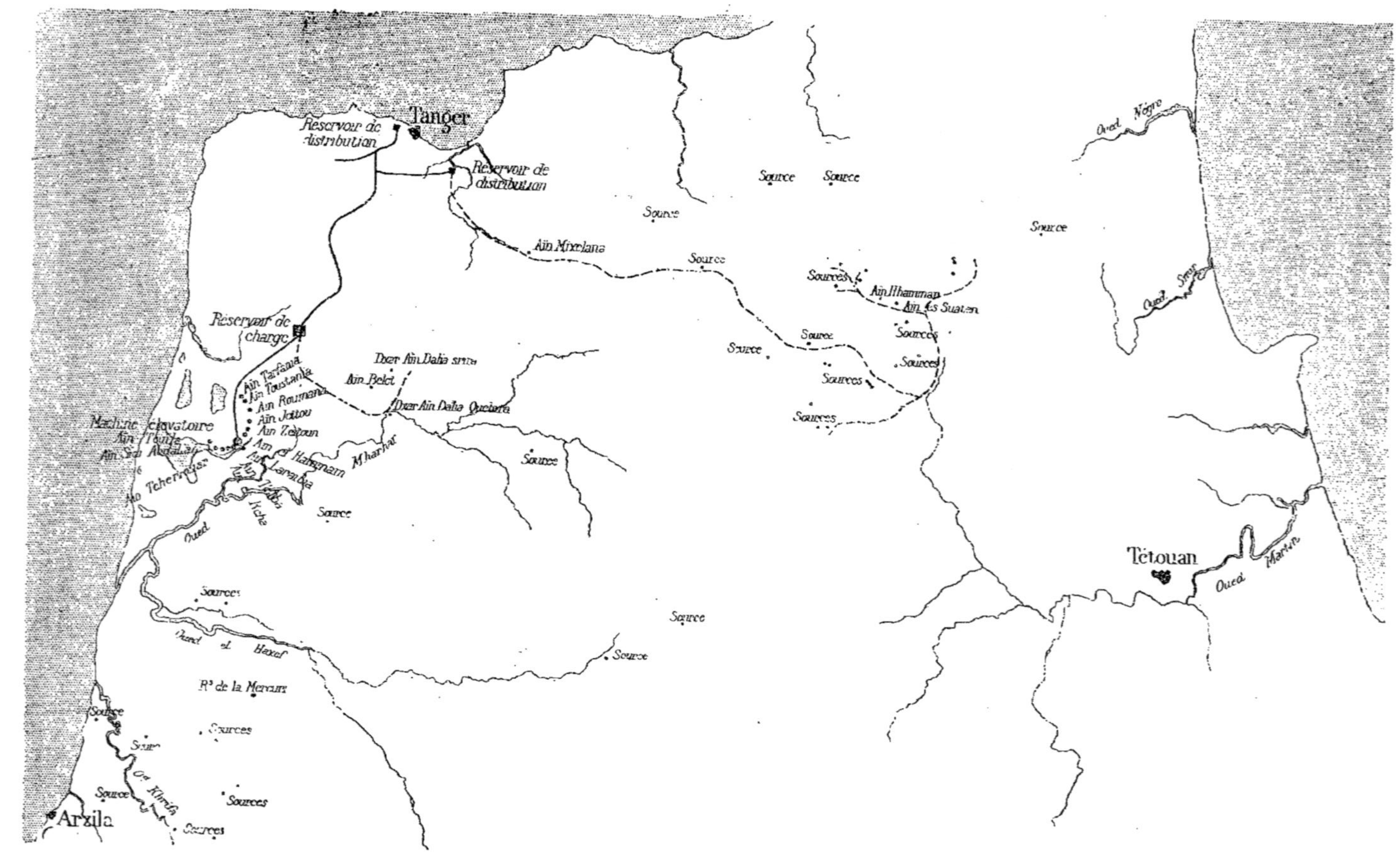

Plan général des cours d'eau et sources utilisables pour l'alimentation de Tanger

dont nous avons, dans notre étude sur le port de Tanger, déjà signalé les emplacements.

Lorsqu'on se propose d'installer un service d'eau potable, la première question à envisager est celle du volume d'eau qui sera nécessaire pour satisfaire à tous les besoins de la consommation privée et publique.

Ce volume n'est pas invariable; il dépend, non seulement du chiffre de la population, mais encore des circonstances locales provenant du climat, des habitudes, du nombre et de l'importance des établissements industriels, de la superficie de la ville et de sa topographie.

Il est donc difficile d'assigner un chiffre précis pour l'approvisionnement d'eau nécessaire à chaque habitant. On peut toutefois dire que la quantité d'eau distribuée dans une ville n'est jamais trop considérable, et qu'il faut en amener le plus possible lorsqu'on peut le faire sans grande augmentation de dépense. Mais il n'en est pas toujours ainsi, et il est bien évident qu'en général il faut se maintenir dans les limites souvent imposées par les circonstances, comme c'est le cas pour Tanger.

(Cliché Cousin)
Résidence du Ministre de France à Tanger

On admet aujourd'hui qu'avec les habitudes de propreté et de confort établies dans les cités modernes la consommation d'eau, par tête d'habitant, ne devrait pas descendre au-dessous de 100 litres par jour. Mais il faut tenir compte des éléments divers qui composent la population de Tanger et de l'accroissement probable de ces éléments spéciaux; si l'on fait la part, dans une certaine mesure, des besoins présents et futurs à satisfaire, on aura réalisé un progrès très sensible en assurant à la population actuelle de la ville de Tanger 70 litres d'eau potable par jour et par tête d'habitant européen et 30 litres par indigènes.

Il est certain, en effet, que la consommation moyenne généralement constatée de 2 litres d'eau pour l'alimentation d'un adulte et de 25 litres pour son usage extérieur est un maximum qu'on ne dépasse pas actuellement à Tanger.

Il y a lieu de considérer d'autre part que les circonstances politiques et particulières dans lesquelles est administrée la ville de Tanger ne permettent pas d'aller de suite très loin chercher la quantité d'eau d'alimentation qui pourrait la placer sans transition dans les premiers rangs des cités modernes.

Il faudra donc s'en tenir temporairement au captage des eaux du Cherf el Aghab, qui sont d'ailleurs d'une inocuité à peu près complète et qui ont donné à l'étiage un débit total de 23 litres à la seconde, conformément au tableau ci-après :

SOURCES	ALTITUDE	DÉBIT
Aïn Tarfania	20,09	1,85
Aïn Loustania	18,89	2,00
Aïn Roumana	7,61	1.20
Aïn Jettou	11,66	0,72
Aïn Zeitoun	7,17	3,70
Aïn el Hamman	11,82	3,50
Aïn Larabia	5,40	1,20
Aïn Tolba	17,65	0,85
Aïn Er Reha	27,91	3,00
Aïn Tchériouar	23 72	2,00
Aïn Sidi Abdallah et Aïn Touila	18,53	2 75
Total du débit, en litres..............		22,79

Mais, comme ces sources se trouvent placées dans la direction de l'ancienne ville romaine Ad Mercuri, dans le voisinage de laquelle se trouve une autre nappe aquifère plus abondante, il y aurait lieu de prévoir dès maintenant la possibilité d'augmenter, aux moindres frais possible, les organes de distribution, en vue d'un débit beaucoup plus important et devant satisfaire amplement les besoins de la ville future.

ANNÉES	POPULATION			QUANTITÉ D'EAU NÉCESSAIRE PAR JOUR EN MÈTRES CUBES
	SÉDENTAIRE	FLOTTANTE	TOTAL	
1913	45 000	2 000	47 000	2 000
1920	73 000	5 000	78 000	4 000
1930	100 000	10 000	110 000	10 000
1940	129 000	11 000	140 000	18 000
1950	157 000	13 000	170 000	25 000
1960	185 000	15 000	200 000	40 000

La distribution projetée devra donc pouvoir assurer actuellement :

1° Le service des abonnements particuliers;

2° L'alimentation des établissements publics, tels que le port, les casernes, les hôpitaux les mosquées, et, éventuellement, l'arrosage des rues, le lavage des ruisseaux, les secours contre l'incendie, enfin, le nettoyage des égouts.

Si nous nous basons sur un développement aussi important pour la ville de Tanger que celui que nous avons prévu dans l'étude concernant le port, il y a lieu de considérer que ce développement nécessitera dans l'avenir des quantités importantes que nous évaluons dans le tableau précédent, page 108.

Ces quantités correspondent, en 1913, à une moyenne de 44 litres par habitant et de 200 litres en 1960.

Elles n'ont donc rien d'exagéré si on les compare à la consommation par tête de certaines villes, de Marseille, par exemple, qui dispose de 765 litres par jour et par habitant, de Buffalo, qui en utilise 845, tandis que Paris n'offre que 240 litres à chacun de ses 3 millions d'habitants; Madrid en a 200, Lisbonne 83, Berlin 73, Varsovie 55, et Constantinople enfin 15 litres seulement.

Le programme à réaliser est donc d'alimenter aujourd'hui une ville de 45 000 habitants, comprenant environ 2 000 Européens habitués aux nécessités du grand confort moderne, 5 000 pouvant être classés dans la moyenne de la classe bourgeoise, 10 000 dans la classe ouvrière et enfin 28 000 indigènes musulmans ou israélites.

Pour cette alimentation, on dispose de 2 000 mètres cubes d'eau par jour, ainsi répartis :

200 litres pour chaque habitant de la		1re	catégorie
100 litres	d°	2me	—
60 litres	d°	3me	—
30 litres	d°	4me	—

Cette eau se trouve à l'altitude de 6 mètres. Il faut la monter dans un bassin de charge qui doit être placé à l'altitude de 105 mètres et à une distance de 6 900 mètres environ de la machine élévatoire.

Du bassin de charge, l'eau parcourra, par simple gravité, une distance de 12 500 mètres environ pour se rendre dans un ou deux réservoirs de distribution situés à 90 mètres d'altitude.

En vue d'un accroissement probable du débit, ou du captage de sources. nouvelles, nous admettrons que la conduite devra pouvoir amener 3 000 mètres cubes d'eau par jour, soit 35 litres par seconde environ.

Captages. — Les sources pourront être captées par des drains en maçonnerie ayant une section suffisante pour recevoir sur leur passage le débit de toutes les sources. On peut prévoir que le développement de ces drains atteindra une longueur de 4 700 mètres, depuis l'Aïn Tarfania jusqu'à l'Aïn Larabia, où serait installé le puisard d'aspiration.

Entre l'Aïn Touila et l'Aïn Larabia, la distance n'est que de 1 900 mètres; la longueur totale des drains sera donc de 6 600 mètres.

Puisard. — Au point bas du drainage, c'est-à-dire vers l'Aïn Larabia, la jonction des drains, avec la conduite de refoulement sera opérée au moyen d'un puisard ou château d'eau, en maçonnerie ou en béton armé, de forme circulaire et de 2 mètres de diamètre intérieur.

Conduite et refoulemement. — Le niveau du point de départ de la conduite de refoulement étant placé à la cote........................ 6,00
Le point d'arrivée dans le bassin de charge à 105,00
La différence de niveau est de.................................. 99,00

Le diamètre qui paraît devoir être adopté est de $0^{m}30$ avec une vitesse de 0,50 pour un débit de 35 litres à la seconde; un diamètre plus fort augmenterait sans grand profit la dépense du premier établissement.

L'emploi d'un diamètre plus réduit abaisserait évidemment les frais d'établissement de la conduite, mais il nécessiterait un moteur plus puissant et partant plus cher, et augmenterait, en outre, les frais d'exploitation.

D'ailleurs, en prévision des besoins de l'avenir, il est préférable d'avoir de la marge dans le diamètre de la conduite, car il sera moins dispendieux de se procurer un moteur supplémentaire que de remplacer sept kilomètres de conduite.

La vitesse de $0^{m}50$, que nous sommes d'avis d'adopter, correspond à une perte de charge de 0,01276 par mètre, ce qui, pour 6 900 mètres, donne une perte totale de 8,80

Si l'on ajoute la différence de niveau entre les plans d'eau de la bâche du réservoir de charge et du puisard d'aspiration...... 99,00

On a une hauteur à vaincre de.................................. 107,80

que nous porterons à 110 mètres pour tenir compte des coudes et des étranglements.

Dans ces conditions, le travail de la machine en eau montée, devant être de 35 × 110 = 3 850 kilogrammètres, la force théorique nécessaire sera de $\frac{3\,850}{75} = 51$ chevaux 3, ce qui répond à un moteur de $\frac{51,3}{75}$ ou de 70 chevaux effectifs.

Le bassin de charge n'étant, en réalité, qu'un point de suture entre la conduite de refoulement et la conduite d'amenée au réservoir de distribution, aura les dimensions réduites du puisard d'aspiration, c'est-à-dire

2 mètres de diamètre; sa construction sera faite en maçonnerie de moellons ou en béton armé.

L'altitude de son radier étant à la cote 103
et le niveau supérieur du réservoir de distribution se trouvant à. 90

la perte de charge totale est de 13

soit, par mètre de conduite d'amenée, $\frac{13}{12\,500}$ = ... 0,00104

pour un débit de 35 litres à la seconde, ce qui correspond à un diamètre de $0^{m}200$.

Réservoir. — On sait que le rôle d'un réservoir, dans une distribution d'eau, est en quelque sorte double.

A chaque instant il fonctionne comme régulateur entre l'arrivée, uniformément répartie sur les 24 heures, et la consommation, qui est essentiellement variable, suivant l'heure de la journée; pendant la nuit, alors que la consommation est presque nulle, le réservoir emmagasine le produit des sources, et, le jour suivant, fournit l'appoint nécessaire pour maintenir la pression dans les canalisations lorsque la dépense devient supérieure à l'arrivée.

(Cliché Cousin)

Une rue de Tanger

En outre, la réserve d'eau emmagasinée permet de ne pas interrompre le service de distribution lorsqu'un accident quelconque se produit sur les ouvrages d'amont.

En général, on estime que la capacité d'un réservoir doit représenter environ les 2/3 de la consommation de la journée; mais cette règle n'a rien d'absolu.

Lorsque le réservoir n'est envisagé que comme régulateur, il suffit de lui donner une capacité égale à la motié de la consommation quotidienne pour qu'il puisse retenir le volume d'eau qui arrive pendant la nuit.

Un vaste réservoir laisse plus de latitude pour parer temporairement au chômage de la conduite d'amenée, en cas d'accident, et pour répondre aux éventualités d'un grand incendie dans la ville.

Mais, en outre qu'une longue stagnation de l'eau n'est pas chose désirable, il y a lieu de considérer que le prix d'un ouvrage de cette nature augmente rapidement avec la capacité.

Nous pensons qu'un réservoir de 1 500 mètres cubes, que nous placerons sur le plateau du Marshan, sera suffisant pour répondre aux besoins du moment.

Il pourra lui en être adjoint un autre lorsque le développement de la ville nécessitera de nouveaux captages; et, comme ce développement se fera nécessairement vers l'Est, c'est-à-dire vers le port, il y aura lieu à ce moment de construire ce deuxième réservoir sur la colline du Charf. (Mont de direction).

Distribution générale. — Si nous envisageons à présent l'étude de la distribution générale, il y a lieu de partir de ce principe que les conduites, bien qu'indépendantes les unes des autres, doivent pouvoir être alimentées des deux côtés à la fois; c'est ce système qu'on désigne sous le nom de *réseau maillé.*

Au départ du réservoir, deux tronçons principaux; le premier empruntant le côté Ouest de l'esplanade du Marshan, desservira les hôpitaux anglais et français, la Casbah, et la partie Ouest de la ville indigène, pour aboutir aux bâtiments actuels de la Douane.

Le second empruntera le nouveau boulevard circulaire, traversera le chemin du cap Spartel, la rue San-Francisco, desservira l'hôpital espagnol, passera au carrefour des Légations, empruntera le boulevard des Sociétés immobilières jusqu'à la rencontre de la route de Tétuan pour aboutir à la plage.

Sur ces deux tronçons principaux se souderont, à la demande des particuliers, des conduites secondaires, notamment :

a) Descente du Marshan, rue du Télégraphe anglais, les trois portes, rue des Siaghin, Douane;

b) Chemin du cap Spartel, Grand-Socco, rue de la Plage;

c) Chemin de San-Francisco, carrefour des Légations, chemin de la Police;

d) Douane actuelle, boulevard du Front-de-Mer, jusqu'à la route de Tetuan et conduite en attente dans la direction Est du boulevard Front-de-Mer.

Les dimensions de ces conduites et les débits auxquels elles doivent pouvoir satisfaire sont indiqués dans notre plan du Port et des nouveaux quartiers et dans le tableau ci-après, page 113.

Estimation de la dépense. — Pour rendre plus facilement accessibles les ouvrages de la conduite et pour en assurer la surveillance, pour réduire au minimum les frais de transport du personnel et du matériel, nous préconisons, sur le parcours des conduites d'amenée et de refoulement, la construction d'une route empierrée de 4 mètres de largeur entre fossés.

Les matériaux d'empierrement étant assez abondants sur le parcours, nous estimons à 10 000 francs le prix kilométrique de la chaussée complètement terminée, soit, pour un développement de 20 kilomètres, une dépense de .... fr. 200 000

Captages. — La fouille pour les drains, leur construction en maçonnerie ou en poterie, nous paraissent devoir être estimées à 10 francs le mètre courant, soit, pour 6 600 mètres, une dépense de .... fr. 66 000

Puisard. — Le puisard d'aspiration, construit en maçonnerie ou en béton armé sur 2 mètres de diamètre intérieur et 2 mètres de profondeur, coûtera .... fr. 500

Ensemble.................. fr. 66 500

POINTS DE PASSAGE	LONGUEUR	ALTITUDE Amont	ALTITUDE Aval	DÉBIT	PERTE de charge	DIAMÈTRE
CONDUITES PRINCIPALES						
Réservoir à la Casbah..............	960	85	65	15	0,021	0,12
Casbah-Fuente Nueva.............	700	65	4	15	0,050	0,10
Réservoir au chemin du cap Spartel.	750	85	55	20	0,040	0.16
Chemin du cap Spartel-San Francisco	300	75	55	20	0,0091	0,16
San Francisco-carrefour des Légations	650	75	55	15	0,0177	0,14
Carrefour-Légations-Plage..........	1 200	55	5	10	0,0276	0,10
CONDUITES SECONDAIRES						
a) Marshan-Télégraphe anglais	900	80	40	10	0,0444	0,09
Télégraphe-Socco..................	300	40	35	8	0,0375	0,08
Socco-Douane.....................	550	35	5	5	0,0438	0,08
b) Boulevard circulaire Socco, par le chemin du cap Spartel	650	55	35	10	0 0308	0,10
Socco–rue de la Plage	550	35	5	8	0,0425	0,08
c) Boulevard circulaire-Socco par San Francisco....................	600	75	35	16	0,0667	0,10
Socco-Carrefour des Légations.....	500	55	35	8	0,0182	0,10
Carrefour-Direction de la Police...	500	35	45	5	0,0187	0,08
d) Douane-Plage-route de Tetuan....	1 200	5	5	10	0,029	0,10
	10 300					

Usine. — L'usine comprendra :

Un bâtiment principal, contenant la salle des machines, des pompes, des générateurs, et deux petites pièces servant d'atelier et de magasin, le tout construit en maçonnerie de moellons ou en béton armé, charpente en fer et couverture en tôle ou en fibro-ciment; sa superficie étant de 500 mètres environ, la dépense, à 50 francs le mètre, sera de.. 25 000

Deux autres bâtiments devant servir au logement du personnel et comprenant quatre logements de 3 à 4 pièces chacun; ces deux bâtiments, construits en maçonnerie de moellons, carrelage, menuiserie, vitrerie, charpente, plafond, couverture en tuiles, représentant une surface totale de 500 mètres carrés, à 80 francs l'un.................. fr. 40 000

Un corps de garde pour dix hommes de police, mesurant $10 \times 15 = 150$ mètres carrés à 60 francs l'un, soit......... fr. 9 000

Une remise, pour le combustible et le matériel de rechange, construite en maçonnerie et couverte en tôle, superficie 150 mètres carrés à 30 francs..................... fr. 4 500

Mur de clôture et divers.................................. fr. 2 500

Ensemble................. fr. 81 000

Moteur. — Comme moteur, nous estimons qu'un appareil fonctionnant au pétrole est mieux indiqué que tout autre, en raison d'abord de son prix d'achat, qui ne paraît pas devoir dépasser..... fr. 40 000

Tandis qu'une machine à vapeur de 70 chevaux, à raison de 1 000 francs l'un, nécessiterait une dépense de 70 000 fr. En outre, son peu d'encombrement, l'inutilité d'une grande cheminée et son poids réduit procureraient une économie très sensible sur les frais de transport, qu'avec les droits de douane nous évaluons néanmoins à.......... fr. 10 000

Enfin, le combustible qu'il consomme, bien que valant 150 francs la tonne, procure une économie notable sur le charbon d'une chaudière à vapeur, économie qui, pour un moteur de 70 chevaux, peut atteindre 50 francs par jour.

L'installation du moteur, son massif de fondation, le réglage, etc., coûteront environ.......................... fr. 2 000

Pompes. — Le moteur fera mouvoir un jeu de pompes à double effet et à pistons plongeurs, avec réservoir à air, dont on peut estimer le prix d'achat, le transport et la mise en place, avec tubulure, raccords, etc., à............ fr. 8 000

Ensemble, pour le moteur et les pompes............... fr. 60 000

A cette dépense il y a lieu d'ajouter la même somme pour une installation de secours en cas de chômage de la première.

Conduite d'aspiration et de refoulement. — Cette conduite sera en fonte avec crépine en cuivre et clapet de retenue; son diamètre étant de $0^{m}300$, son poids par mètre de 97 kilos, nous estimons son prix, à pied d'œuvre, compris la mise en place, à raison de 30 francs le mètre, soit, pour 20 mètres .... fr. 600

Par raison d'économie, on pourrait avoir recours, pour la conduite de refoulement, à des tuyaux de grès, de béton ou de ciment armé; mais il ne faut pas perdre de vue que nous aurons sur notre conduite une pression supérieure à 100 mètres, et que des soins spéciaux, difficilement réalisables en ce pays, devront être apportés à la construction d'une conduite en matériaux autres que la fonte.

Il nous a donc paru prudent de prévoir dans notre estimation que la conduite de refoulement pourra être construite en fonte; dans ces conditions, pour un diamètre de $0^{m}300$, son prix atteindra 30 francs, tous frais de pose, d'essais et d'accessoires compris; ceci, pour un développement de 6 900 mètres, nécessitera une dépense de ...... fr. 207 000

Bassin de charge. — Cet ouvrage étant de même dimension et construit avec des matériaux de même nature que le puisard d'aspiration, nous l'évaluerons au même prix, c'est-à-dire à .... fr. 500

Conduite d'amenée. — La conduite d'amenée, prévue avec un diamètre de 0,20 et une perte de charge moyenne de 0,00104 par mètre, aura à subir sur son parcours des pressions qui atteindront 90 mètres; il ne nous paraît donc pas prudent, pour cet ouvrage, comme pour la conduite de refoulement, de prévoir la dépense pour l'emploi d'autres matériaux que la fonte.

Le prix du mètre de conduite de 0,200 paraît devoir atteindre 20 francs, y compris ventouses, décharges, pose, essais, etc., soit, pour 12 500 mètres, une dépense de ...... fr. 250 000

Réservoir. — Un réservoir construit en béton armé ou en maçonnerie partie en tranchée et partie en élévation, divisé en deux compartiments complètement couverts et contenant chacun 750 mètres cubes, paraît devoir coûter, à Tanger, 50 francs par mètre de capacité, soit, pour 1 500 mètres cubes, une dépense à prévoir de .... fr. 75 000

A ajouter comme accessoires : bondes de fond, robinets, vannes, tuyauterie .... fr. 3 000

Ensemble .... fr. 78 000

Conduite de distribution. — Pour les conduites de distribution, la pratique impose l'emploi de tuyaux de fonte.

Quel que soit le système, nous estimons que, pour la charge à laquelle la conduite doit être soumise, le mètre de tuyaux de 0m16 de diamètre, posé en tranchée et essayé à 15 atmosphères, coûtera 18 francs, soit, pour un développement de 1 050 mètres................ fr. 18 900

Le même, de 0m14, coûtera 14 francs, soit, pour 650 mètres							.	9 100
d°	0,12	d°	12	d°	950	d°	..	11 400
d°	0,10	d°	10	d°	4 850	d°	..	48 500
d°	0,09	d°	8	d°	900	d°	..	7 200
d°	0,08	d°	7	d°	1 900	d°	..	13 300

2 robinets vannes	de 0,16	à 200 francs		....	400
1	d°	0,14	à 175 d°	....	175
2	d°	0,12	à 150 d°	....	300
8	d°	0,10	à 120 d°	....	960
2	d°	0,09	à 100 d°	....	200
3	d°	0,08	à 80 d°	....	240

30 bornes fontaines et leur installation, pour service public, à 400 francs l'une.. 12 000

Divers 2 325

Ensemble.................................fr. 125 000

Récapitulation des dépenses de premier établissement

Routes et chemins..............................	fr.	200 000
Captages	fr.	66 000
Puisard d'aspiration...........................	fr.	500
Usine élévatoire...............................	fr.	81 000
Moteurs et pompes..............................	fr.	60 000
Installation de secours........................	fr.	60 000
Conduites de refoulement.......................	fr.	207 000
Bassin de charge...............................	fr.	500
Conduites d'amenée.............................	fr.	250 000
Réservoir	fr.	78 000
Conduites de distribution......................	fr.	125 000
Somme à valoir pour imprévu, 5 % environ...........	fr.	72 000
Total pour travaux............	fr.	1 200 000
Frais généraux de surveillance, 5 %..............	fr.	60 000
Dépense totale...............	fr.	1 260 000

Voies et moyens. — Les frais de premier établissement du service des eaux de la ville de Tanger paraissent donc devoir s'élever à 1 260 000 fr., moins les rabais qui seront consentis par les entrepreneurs appelés à soumissionner.

Il reste maintenant à examiner les voies et moyens qui permettront de réaliser l'œuvre, tant au point de vue de l'exécution des travaux que du mode d'exploitation du service.

Deux combinaisons principales peuvent être envisagées; chacune d'elles présente des avantages et des inconvénients, et comporte d'ailleurs un certain nombre de variantes.

1° La ville ou le gouvernement peut affermer le service à un concessionnaire qui prendra les travaux à sa charge et fera l'exploitation à ses risques et périls pendant un certain nombre d'années.

Une variante de ce système consiste dans la garantie par la ville ou l'État de l'intérêt et de l'amortissement du capital engagé.

2° La ville ou l'État peut faire exécuter les travaux par des entrepreneurs et exploiter à ses risques et périls avec un personnel spécial.

Concession. — La concession apparaît, de prime abord, comme un système commode et avantageux, à cause des aléas que peut occasionner la régie directe pour une ville encore sans organisation administrative, qui, comme Tanger, n'a encore aucun budget qui lui soit propre, ni aucun impôt régulièrement assis pour gager un emprunt.

Cependant il faut considérer, par contre, que le bénéfice du concessionnaire doit être suffisant pour le rémunérer largement de son travail et de celui de son personnel et qu'une industrie quelconque ne saurait se contenter du taux d'intérêt auquel on pourrait emprunter une ville dont les finances seraient prospères.

Dépenses annuelles d'exploitation. — Elles se subdivisent en dépenses de fonctionnement de l'usine élévatoire, dépenses d'entretien en matériel mécanique et des ouvrages extérieurs, dépenses du personnel et amortissement du capital de premier établissement.

Fonctionnement de l'usine. — Le volume d'eau à monter ayant été fixé entre 2 000 et 3 000 mètres cubes par journée de 24 heures, il est évident que, pendant les chaleurs, on atteindra le maximum, tandis qu'en hiver il ne sera pas entièrement absorbé. L'expérience permet d'établir que le service journalier des pompes sera en moyenne de 18 heures.

Nous avons vu, d'autre part, que la force du moteur à pétrole devait être de 70 chevaux, pour l'eau montée; or, un moteur à pétrole consomme en moyenne 0,400 kilo de combustible par cheval-heure. Si l'on observe que les résultats en marche normale seront un peu différents de ceux des expériences, il paraît prudent de porter cette quantité à 0,500 kil., soit, par journée de 18 heures, $0{,}500 \times 18 \times 70 = 630$ litres de pétrole, et, pour une année environ .... 230 tonnes

Estimant le pétrole à 200 francs la tonne rendue à pied d'œuvre, on obtient une dépense de combustible de .... fr. 46 000

L'entretien des moteurs, pompes, le graissage, l'éclairage et les autres dépenses nécessiteront une dépense totale que nous évaluerons à .... fr. 2 000

Entretien des bâtiments .... fr. 1 000

Entretien des captages .... fr. 500

Le personnel de l'usine comprendra un contremaître mécanicien, un aide mécanicien et deux chauffeurs; ce personnel sera logé et recevra comme appointements annuels :

Le mécanicien contre-maître .... fr. 4 800

L'aide mécanicien .... fr. 3 000

Les deux chauffeurs seront des indigènes; ils recevront chacun 900 francs, soit, pour les deux .... fr. 1 800

Imprévus, congés, maladies, etc .... fr. 900

60 000

Direction et exploitation. — La direction d'un service d'eau étant des plus simples et des plus faciles, et ne devant pas exiger une surveillance constante, il n'est pas indispensable d'avoir à la tête de l'exploitation un agent spécial largement appointé; il paraît d'ailleurs facile de trouver, parmi le personnel technique des Travaux publics ou dans celui qui est employé par les Sociétés immobilières et industrielles déjà organisées à Tanger, un agent ayant les aptitudes et l'expérience requises pour cette direction.

Dans ces conditions, il suffira d'allouer à cet agent un supplément de traitement que nous évaluons à .... fr. 6 000

Ajoutons un caissier comptable à .... fr. 3 600

Un secrétaire dactylographe .... fr. 1 200

Un chef fontainier européen .... fr. 3 000

Trois gardes fontainiers indigènes à 900 francs .... fr. 2 700

Frais de bureau et location .... fr. 2 000

Entretien des conduites, réservoirs, frais de transport et de déplacement du personnel .... fr. 5 000

Imprévus et divers .... fr. 500

Total pour frais de direction et d'exploitation .... fr. 24 000

Pour connaître les dépenses annuelles qui pourront résulter de l'installation d'un service d'eau, il y a lieu d'ajouter aux sommes ci-dessus les frais d'intérêts et d'amortissement du capital de premier établissement.

En supposant une durée de 50 ans pour éteindre la dette, il faudrait, à 5 % d'intérêt, une annuité d'environ 66 000 francs pour amortir le capital de premier établissement, fixé ci-dessus à 1 260 000 francs.

Il convient donc de tabler sur une dépense annuelle de 66 000 + 24 000 + 60 000 = 150 000.

Prix de revient du mètre cube d'eau. — D'après les conditions du projet, le volume d'eau distribué au début de l'exploitation devant être de 2 000 mètres cubes par jour, le prix de revient du mètre cube ressortira à $\frac{150\,000}{365 \times 2\,000}$ = 0,20, en chiffres ronds, et le prix du mètre cube annuel à $\frac{150\,000}{2\,000}$ = 75 francs.

Ce prix de revient est très élevé, car il portera le prix de vente du mètre cube d'eau à 0,70, en se réservant un bénéfice de 10 %.

En effet, si l'on affecte aux services publics les 2/3 des ressources en eau, soit 1 350 mètres cubes, il restera pour la vente 650 mètres cubes que l'on ne pourra céder à moins de $\frac{165\,000}{365 \times 650}$ = 0,70, en chiffres ronds, prix très supérieur à ce qui se pratique couramment dans les villes bien organisées.

(Cliché Cousin)

Porteur d'eau

Néanmoins, malgré l'application d'un tarif si élevé, on aura dégrévé considérablement la population, qui a l'habitude de payer actuellement aux portefaix indigènes de 0,05 à 0,20, suivant la saison, le contenu de leurs outres en peau de bouc, soit environ 25 litres, ce qui met le mètre cube au prix minimum de 2 francs.

Mais il semble qu'il y a lieu de compter sur des subventions à provenir de la *Caisse spéciale des travaux publics*, laquelle s'alimente au moyen d'une taxe de 2,50 % *ad valorem* sur l'entrée des marchandises dans le port de Tanger; en effet, le Comité des travaux publics a décidé, sur la proposition de M. l'Ingénieur en chef Porché, d'affecter une somme de 600 000 francs à l'adduction des eaux de Tanger.

Dans ce cas, pour amortir le capital réduit à......... fr. 660 000
il ne faudra plus qu'une annuité de.................... fr. 30 000

La dépense annuelle se trouverait ramenée à 30 000 + 24 000 + 60 000 =................................ fr. 114 000

Ce qui mettrait le prix de revient du mètre cube d'eau à $\frac{114\,000}{365 \times 2\,000}$ = 0,156

Le prix de vente pourrait être ainsi abaissé à 0,55.

Enfin, comme il est permis de l'espérer, et, comme nous l'avons déjà envisagé dans notre étude sur Tanger et son port, s'il se crée dans cette ville une usine pour la production de l'énergie électrique à des prix abordables, il y a lieu de supposer que l'usine élévatoire des eaux sera l'un de

Frontière du traité de 1845
Chemins de fer en exploitation
Chemins de fer projetés de 1re urgence
Chemins de fer projetés de 2e urgence

Plan général du réseau des chemins de fer Marocains

ses principaux clients et que l'économie qui en résultera permettra d'abaisser encore le prix de vente du mètre cube d'eau.

Voies ferrées aboutissant au port de Tanger

En terminant l'étude générale comparative sur les ports de Tanger, d'Algérie et de Tunisie, nous disions que, pour qu'un port progresse, il faut surtout que les marchandises y puissent affluer de tout l'hinterland qu'il dessert, ou bien, inversement, y pénétrer avec des conditions de transport véritablement bon marché. Il faut, en définitive, qu'il soit desservi vers l'intérieur par des voies bien aménagées pour le transport économique des matières lourdes, encombrantes ou de peu de valeur, comme aussi, sous le rapport des marchandises chères et des passagers, il n'est pas moins intéresant que le port soit le point d'établissement d'un réseau de voies ferrées permettant au besoin d'attirer à son profit tout le transit de la région.

Nous allons donc examiner de quel côté doit venir ou aller ce transit.

Si l'on étudie la carte du Maroc et que l'on considère Fez, sa capitale du Nord, on remarque qu'elle se trouve placée dans l'orbite d'attraction du port de Tanger, duquel elle n'est éloignée que de 260 kilomètres par la piste actuelle, tandis qu'elle se trouve à 350 kilomètres de Casablanca, à 320 kilomètres de Melilla et à 600 kilomètres d'Oran.

Nous ne parlons pas des autres ports du littoral atlantique, Larache, Mehdia, Rabat, où n'existent que des rades foraines, praticables seulement par calme plat, à cause de la barre, qui rend très délicate, très aléatoire et très onéreuse la construction d'un port, qui risquerait d'être anéanti par un seul raz de marée.

L'accord diplomatique du 4 novembre 1911 a donc reconnu logiquement la nécessité de la construction immédiate d'une voie ferrée entre Fez et Tanger pour drainer, dans ce port, tout le trafic des régions voisines.

Ces régions sont :

1° **La région des Djebala** qui, s'étendant au Sud et à l'Ouest du Rif et dont la partie maritime est baignée à la fois par la Méditerranée, le détroit de Gibraltar, et l'Altantique, est, comme son nom l'indique, assez accidentée, sauf dans la partie voisine de l'Atlantique.

L'Oued Ouarera, l'un des principaux affluents du Sebbou, sépare les Djebala des plaines de la province de Fez. La population des Djebala, très dense, est évaluée à près de deux millions d'habitants, répartis sur 36 000 kilomètres carrés, soit environ 55 habitants par kilomètre carré. Les habitants s'occupent exclusivement de culture et de jardinage. On trouve dans cette province des champs d'orge, de blé, de maïs, de fèves, de pois; mais la plus grande ressource consiste dans les arbres fruitiers, notamment les oliviers, noyers, figuiers, les orangers, les vignes; ces arbres donnent en abondance des fruits qui sont échangés contre des céréales apportées par les caravanes de la province de Fez; on fabrique dans les Djebala du vin et de l'huile.

Les cultures maraîchères y sont également très répandues. Le lin et le chanvre y occupent des milliers d'hectares; on s'y livre à la filature et au tissage. On y cultive le tabac et le kiff. Les montagnes sont couvertes de forêts de chênes-lièges, de cèdres, de thuyas. Mentionnons encore la culture du mûrier à l'élevage des vers à soie; mais le tissage de la soie a lieu à Fez.

Le bétail est surtout représenté par les chèvres, mais on rencontre également des moutons, des bœufs, des chevaux; enfin l'apiculture est assez répandue. Cette province septentrionale, grâce à l'abondance, à la régularité des pluies, grâce aussi à l'extension des exploitations arbustives et de l'irrigation, n'a point à redouter les disettes.

Troupeaux à l'abreuvoir

Aussi l'importance de la région est-elle considérable; étant données sa proximité de l'Europe et ses facultés de pénétration, c'est sans aucun doute une des parties du Maroc qui a le plus d'avenir. N'oublions pas à ce propos de mentionner sa grande richesse minière : on y trouve en effet du cuivre, du fer, du plomb, du soufre, de l'antimoine, de l'argent et même de l'or; ce dernier métal serait, d'après M. Mouliéras, assez abondant sur le territoire de la grande tribu des R'Mara, voisine du Riff.

Les importations dans des Djebala, par les ports de Larache et de Tanger, en transitant par Fez, sont les sucres, les cotonnades, les bougies.

Les exportations consistent surtout en œufs, volailles, cire, peaux, laines, pour plusieurs millions.

Les principales villes de Djebala sont, d'abord, Ksar el Kebir, dont l'importance, en dehors de la fertilité et de la richesse en bétail de la vallée du Loukkos, tient à cette circonstance que cette agglomération est un lieu de passage obligé pour les caravanes se rendant à Fez, de Tanger ou de Larache : c'est le point intermédiaire entre Tanger et la vallée du Sebbou.

La vallée inférieure du Loukkos a une largeur de 12 kilomètres et

Vue générale de Larache

s'étend sur au moins 35 kilomètres entre El Ksar et Larache; elle pourrait être convertie en un immense jardin où il serait possible d'acclimater une diversité infinie de fruits et légumes et d'utiliser l'eau du Loukkos et de ses affluents.

Les importations sur El Ksar portent sur les articles suivants : des calicots, des mousselines, vendus pour une valeur annuelle de près d'un million, tant à El Ksar qu'à Ouezzan et dans les souks des environs; des bougies, du thé, des épices, du fer, de l'acier, des savons de toilette, sucres, allumettes, verreries, poteries, draps de qualité inférieure, le tout représentant une somme d'environ 3 000 000 de francs.

Le principal article d'exportation est la laine : 30 000 toisons sont envoyées de Ksar el Kebir à Larache. Les peaux de chèvres et de bœufs sont apportées d'El Ksar, du Gharb et des contrées environnantes; on les sale et on les expédie sur Tanger ou Larache; du blé et de l'orge sont également apportés du Gharb.

La population de Ksar el Kebir est d'environ 10 000 habitants, dont 2 000 israélites et quelques chrétiens européens; les autres habitants sont musulmans.

Les autres villes des Djebala sont Ouezzan, qui renferme environ 20 000 habitants; c'est un centre religieux qui doit sa célébrité aux chérifs descendant d'Idriss. Le chérif d'Ouezzan est protégé français, et son influence est très grande, surtout dans le nord du Maroc.

On fabrique à Ouezzan des haïks en laine.

Larache est située sur la rive gauche de l'embouchure du Loukkos sur l'Atlantique, à l'emplacement de l'ancienne Lixus. Son port était autrefois extrêmement actif ; mais ses transactions ont notablement diminué, par suite de l'ensablement de l'embouchure du fleuve, et à cause de la barre, qui est très dangereuse et qui rend très irrégulières les communications avec la terre. La plupart des marchandises débarquées à Larache ne font que transiter à destination de Ksar el Kebir, d'Ouezzan, de Fez et Meknès. Larache, qui est le port le plus rapproché de Fez, ne peut, pour les raisons sus indiquées, disputer à Tanger le transit de la capitale du Maroc, bien que se trouvant être le débouché le plus immédiat de la fertile région du Gharb et du bassin de Sebbou, c'est-à-dire d'une des contrées les plus riches et les plus peuplées du Maroc.

Le mouvement de la navigation du port de Larache, qui comprenait, en 1894, près de 600 navires, est, aujourd'hui, descendu à moins de 300.

La population de Larache est d'environ de 10 000 individus, dont 150 Européens.

Notons enfin Arzila, sur la côte, entre Larache et le cap Spartel, petite bourgade à demi ruinée, comptant environ 2 000 habitants.

Panorama de Fez

2° **Vallée du Sebbou. — Le Gharb. Fez. Meknès.. —** La vallée du Sebbou comprend deux régions se ressemblant peu, mais l'une et l'autre d'une grande richesse.

La vallée supérieure du fleuve est montagneuse, et forme la partie Nord de la grande province des Berabers; elle est habitée par les Beni-Ouaraïn, les Aït-Youssi, les Beni-Mgild, les Zaïan, les Beni-M'tir, etc., grandes tribus indépendantes.

D'après M. de Segonzac, cette contrée est la plus belle du Maroc montagneux; les nombreuses et puissantes tribus qui l'habitent cultivent admirablement le fond des vallées, tandis que des groupes d'entre elles gardent les troupeaux sur la montagne : celle-ci est couverte de chênes-lièges et de cèdres. La région offre également de grandes ressources au point de vue minéralogique.

La vallée inférieure du Sebbou constitue la province de Fez; à partir de cette ville, jusqu'à l'Atlantique, s'étend la grande plaine du Gharb, extrêmement riche en pâturages et en bestiaux et produisant du blé, de l'orge, des fruits et légumes de toute nature.

Au bord du Sebbou on commence à rencontrer ces fameuses terres noires appelées « Tirs », extrêmement fécondes et particulièrement abondantes dans la Châouia.

La population du Gharb, relativement dense, se compose de tribus arabes soumises au sultan. « Le Sebbou », dit Reclus, « est le cours d'eau le plus abondant de l'Afrique septentrionale, après le Nil. Large de 100 à 300 mètres dans sa partie inférieure, il coule en méandres entre des berges terreuses de 7 mètres de hauteur, qu'il dépasse quelquefois dans les crues. Sa profondeur moyenne est de 3 mètres. On pourrait donc utiliser le Sebbou pour la navigation, du moins pendant une grande partie de l'année : de petits bateaux à vapeur, remorquant des chalands à fond plat, remonteraient le fleuve sans peine jusque dans le voisinage de la capitale. »

La profondeur du Sebbou, à son embouchure, est de 7 mètres environ; mais la barre, qui se fait sentir à Mehdia, à l'entrée du fleuve, en rend l'accès très dangereux, de sorte que le commerce a complètement délaisse ce port, actuellement simple village.

Mais des études récentes permettent de conclure qu'on pourrait, par des ouvrages appropriés et établis sans trop grands frais, atténuer les effets de la barre et construire un port provisoire et suffisamment abrité à Knitra, dans un des méandres du fleuve et à 10 kilomètres environ de son embouchure.

Il y a peu de régions au Maroc dont l'importance soit plus grande que la vallée du Sebbou, qui est, en outre, la voie de communication entre le bassin méditerranéen de la Moulouya et le littoral atlantique; enfin,

Une caravane, de Tanger à Fez

elle renferme Fez, la ville la plus importante du Maroc, qui compte de 100 000 à 150 000 habitants.

L'autre capitale, Meknès, compte 30 000 habitants environ; on y fabrique des couteaux, des poignards en argent et en cuivre, des éperons. Citons encore la ville de Sefrou, au sud de Fez, célèbre par ses jardins irrigués. Les cerisiers, qui sont l'orgueil de la région, y poussent abondamment à côté des oliviers, des grenadiers et des orangers.

Fez, située sur un affluent du Sebbou, à une faible distance de ce fleuve, à la sortie des montagnes et à l'entrée de la plaine, est l'intermédiaire entre l'Algérie et la dépression de Tlemcen à Fez et l'océan Atlantique, entre l'importante oasis de Tafilet, par la route des caravanes, qui franchit l'Atlas au col de Telremt, et la partie du Maroc septentrional.

Fez est le premier centre industriel du Maroc : on s'y livre aux travaux de tissage et de broderie; on y fabrique des kaïks, des nattes; on y confectionne des babouches, on y travaille le cuir et les métaux; on y fabrique des armes damasquinées. Une des industries les plus originales est celle des poteries, des vases émaillés.

Au point de vue commercial, Fez tient le premier rang au Maroc. Pour se faire une idée de la valeur de ce commerce il faut se reporter aux statistiques du commerce de Tanger et de Larache, les deux ports de transit de la capitale du Nord, car la route de Fez en Algérie n'est plus fréquentée par les caravanes depuis la dernière insurrection du prétendant Bou Hamara.

Les commerçants en gros sont en relations avec de grandes maisons de commission européennes, ou ont eux-mêmes, en Europe, des associés ou des commissionnaires particuliers, par l'intermédiaire desquels se font les achats; en effet, l'usage veut que le négociant marocain ne traite jamais directement avec le fabricant.

Beaucoup de négociants, des exportateurs principalement, ont aussi des associés, des représentants ou des comptoirs, dans la plupart des villes de la province d'Oran et dans les principales villes des provinces d'Alger et de Constantine, de Tunisie, de Tripoli, du Sénégal (Dakar, Saint-Louis), d'Égypte, etc.

L'évaluation du commerce de Fez est moins facile que celle des ports, car les importations et les exportations de Fez sont englobées dans les chiffres de Tanger et de Larache, voire de Rabat; on évalue ce commerce à 20 000 000 de francs.

En ce qui concerne la part de chaque nation, l'Angleterre tenait autrefois le premier rang, avec des cotonnades, bougies, draps, thés. La France tend à la supplanter; elle fournit aux Fazzi des sucres, soieries, draps, mousselines, soies grèges; l'Allemagne occupe le troisième rang avec des draps de qualité ordinaire, mais bon marché, des bimbeloteries, articles émaillés ; l'Italie vient ensuite, avec des soies, des grèges, marbres, brocards, etc. ; enfin la Belgique fournit des sucres, des fers ; l'Autriche, des sucres, chéchias, kaïks ; l'Espagne, des alcools, des chaussures européennes pour les israélites. La Suisse envoie des draps, des machines à coudre, de l'horlogerie ; la Russie importe quelque horlogerie.

Transports

Les transports entre Fez et les ports de Tanger, Larache et Rabat se font par caravanes de mules et de chameaux. Ils sont fort onéreux et varient suivant l'état et la sécurité des routes, dans de fortes proportions. Une mule porte environ 150 kilos ; sa location se paie en moyenne 75 pesetas, de Fez à Tanger (250 kilomètres). Un chameau porte 225 kilos et se paie 60 pesetas, ce qui porte le prix de la tonne kilométrique à 0 fr. 95. Par Larache, 160 kilomètres seulement, les prix sont un peu moins elevés, 25 à 40 pesetas, mais le prix de la tonne kilométrique reste le même, soit 0 fr. 95. La durée du voyage est, dans le premier cas, de dix jours, et dans le second de sept jours.

Industrie

L'industrie de Fez est aux mains des corporations, généralement groupées par quartiers ou par rues, et dont chacune a son conseil de notables et son règlement traditionnel.

Tisserands, à Fez

Les principales sont les suivantes :

Les tisserands, qui fabriquent, sur des métiers primitifs, des tissus de laine. La laine est tissée par les femmes du pays et teintée à Fez. On fait de ces étoffes des djellabas, des haïks et des burnous. Les haïks de coton et de soie sont faits avec des cotonnades importées d'Angleterre et des soies de France et d'Italie.

Les mégissiers, qui préparent les peaux de chèvres « maroquinées » à l'aide d'essences et de manipulations spéciales, et les cuirs « filali », jaunes, rouges et violets, semblable à ceux de Tafilelt;

Les fabricants de babouches, teinturiers, orfèvres, chaudronniers, ferblantiers, briquetiers; les potiers fabriquent des carreaux vernissés et des récipients divers;

Les plâtriers, qui font des revêtements de plâtre habilement sculptés et fouillés;

Les fabricants de peignes en bois ou en corne et de tamis, selliers, forgerons, armuriers, menuisiers, meuniers; Fez compte 160 moulins, dont l'outillage rudimentaire, une roue hydraulique et une meule, suffisent à la mouture nécessaire pour la consommation de la ville.

La fabrication des chéchias a presque disparu devant la concurrence autrichienne.

Les juifs de Fez localisés au Melah (quartier juif) n'exercent point

Boutique de potier, à Fez

d'industries comme dans certaines autres villes. Ils sont exclusivement boutiquiers.

Les entrepôts de marchandises se font dans des « fondaks », sortes de caravansérail, où les négociants louent, suivant leurs besoins, une ou plusieurs cases.

Marchés

En dehors des *souks*, rues ou quartiers spéciaux à tels ou tels corps de métiers ou de marchands, Fez compte cinq marchés journaliers aux

Vue générale de Ksar el Kébir

grains, un marché aux bestiaux s'y tient deux fois par semaine, et autrefois un marché aux esclaves, supprimé depuis l'occupation française. Les marchés sont réglementés par l'*amin moustaphad*, qui encaisse les divers droits de marché, les droits de portes ou d'octroi, et l'*amin el mohtasseb*, qui fixe ou pondère les cours des denrées.

Tel est, esquissé à grands traits, l'inventaire des ressources agricoles, coloniales et industrielles de l'hinterland du port de Tanger.

Dans cette zone d'attraction, qui n'a pas moins de 45 000 kilomètres carrés et sur laquelle vit une population d'au moins 3 000 000 d'individus, nous faisons entrer la région de Tetuan, car cette ville, située à 8 kilomètres de l'Oued Martil, ne possède qu'une rade ouverte n'offrant aucun abri aux navires.

Les embarcations d'un faible tirant d'eau peuvent entrer dans le fleuve lorsque la barre ne les empêche pas, mais les navires de fort tonnage ne peuvent mouiller qu'à un mille de la côte.

Tetuan, siège d'une industrie assez florissante, compte une population de 20 à 25 000 habitants. On y fabrique des objets de cuir brodé, des babouches, des ceintures, des soies brodées, des djellabas, des haïks, des vases en cuivre, des mosaïques, des meubles.

Les principaux articles d'importation sont les cotonnades, les soieries, le sucre, les bougies, le thé, le café, le pétrole, les draps, les farines, l'huile d'olive, les céréales.

Les principaux produits exportés sont la graine de lin, les amandes, le liège, les oranges, les œufs, la cire, les babouches, les poissons salés.

La valeur des échanges est d'environ 500 000 francs.

Le mouvement des navires est d'environ 300 unités, jaugeant 70 000 tonnes.

Ajoutons enfin Ceuta, dont la population est d'environ 15 000 habitants européens.

L'Espagne, qui y entretenait une petite garnison pour y garder un bagne, va organiser cette localité et la relier à Tétouan par une bonne route. La ville n'a d'autre commerce que celui nécessité par l'approvisionnement de la population ; Tanger envoie des bœufs à Ceuta.

Tracé de la voie ferrée

Pour développer ce riche hinterland, auquel la fertile Mitidja d'Alger pourrait être comparée, une voie ferrée partant de Tanger pour aboutir directement à Fez, en touchant El Ksar, paraît devoir être recommandée.

Un autre tracé, inclinant vers l'Ouest et touchant Larache, permettrait peut-être de réaliser quelques économies sur les terrassements de l'infrastructure, car il éviterait un certain nombre de collines qui se trouvent plus à l'Est ; mais ces économies, plus apparentes que réelles,

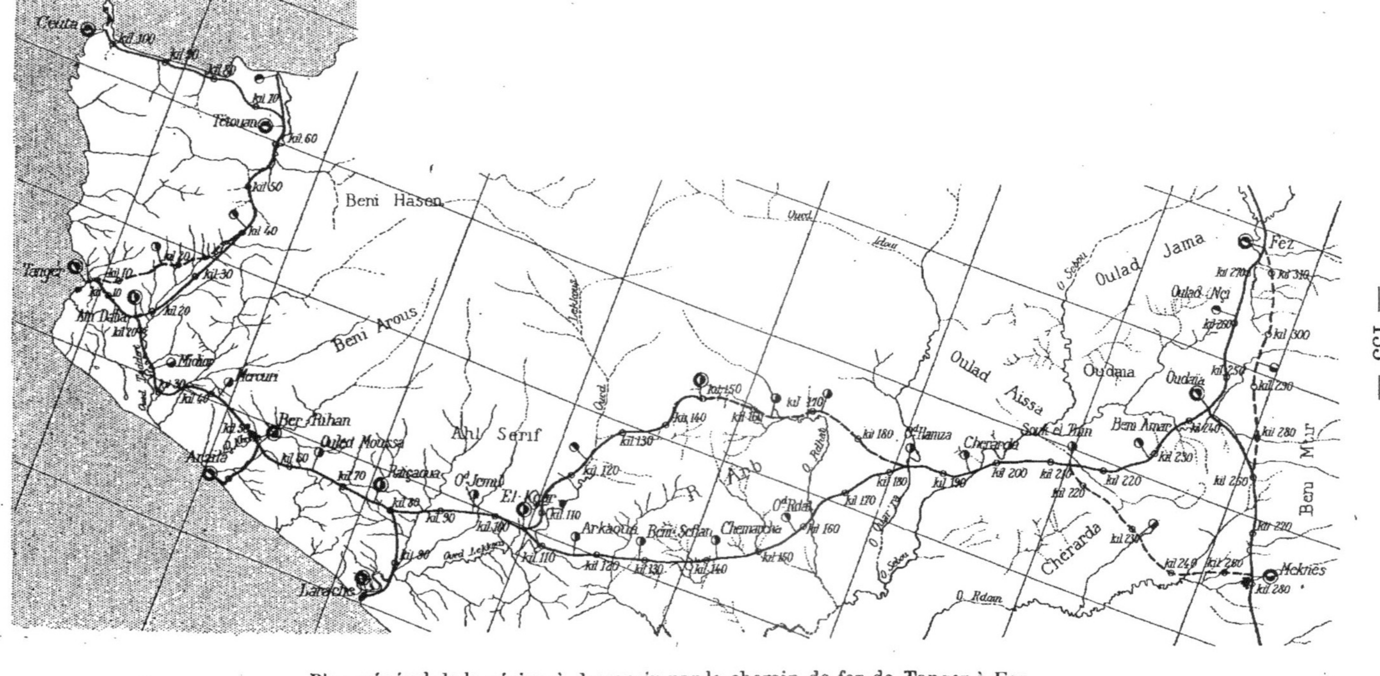

Plan général de la région à desservir par le chemin de fer de Tanger à Fez

seraient absorbées, et au delà, par l'établissement d'ouvrages confortatifs nécessaires pour traverser des plaines marécageuses, souvent inondées et à peu près impraticables en hiver.

En outre, le tracé par Larache est moins direct, plus long et ne touche pas El Ksar, la capitale des Djebala, dont l'importance est considérable en raison de sa situation géographique

Sur notre ligne directe et principale viendront se greffer des embranchements, tous affluents drainant vers notre grand port les éléments indispensables à son trafic.

Partant du niveau des quais, à proximité desquels seront construites les gares de Tanger sur les terre-pleins conquis au moyen des produits de dragages, notre tracé suit le cours de l'Oued el Hacq, contourne la colline du Charf, au sud-est de Tanger, et se dirige vers Aïn-Dahlia, qu'il atteint au kilomètre 15 après avoir gravi en rampes douces les collines situées au Sud de Tanger par quelques tranchées assez profondes.

De la station d'Aïn-Dahlia, située à 22 mètres d'altitude, se détache le tronçon de Tetuan-Ceuta.

Au 20e kilomètre, la voie franchit l'Oued Taddert au moyen d'un pont de 20 mètres d'ouverture et monte jusqu'au village indigène de Midior, situé au kilomètre 25, où une station est prévue.

Après la station de Midior, il faut gravir le Djebel El Hamra, la montagne Rouge, au moyen de rampes d'une déclivité de 13 m/m par mètre.

Après avoir escaladé le Djebel Hamra, à l'altitude de 115 mètres, où un tunnel sera peut-être nécessaire, la voie descend dans la vallée de l'Oued el Hachef, qu'elle traverse au kilomètre 35 sur un ouvrage de 30 mètres d'ouverture.

Elle passe à côté des ruines de l'ancienne ville romaine Ad Mercuri, où une station est à prévoir sur le plateau de la Gharbia vers le kilomètre 40, à 72,50 d'altitude; la voie franchit ensuite l'Oued Krita sur un pont de vingt mètres d'ouverture et atteint la station de Ber-Rihan, qui est le village le plus rapproché d'Arzila, et d'où se détachera l'embranchement de 10 kilomètres qui doit desservir cette dernière localité.

La ligne coupe en tranchée le flanc d'une petite colline allongée du Nord au Sud, passe près du village très peuplé de l'Oued Moussa, à 80 mètres d'altitude, où une station est prévue au kilomètre 63.

Descente vers l'Oued Maghzen en desservant un pays très fertile, bien arrosé, occupé par une nombreuse population agricole et au profit de laquelle il y a lieu de prévoir une station près du marché important des B'daoua, à Souk-el-Tetla-Raiçoua, au kilomètre 78, et d'où se détache l'embranchement de Larache.

Passage de l'Oued Maghzen sur un pont de 8 mètres d'ouverture, à 10 mètres d'altitdde.

Stations aux Ouled Djemil et après le passage de l'Oued Ouarour; plaine jusqu'à El Ksar, au kilomètre 105.

El Ksar, merveilleusement située dans une plaine fertile, deviendra un centre agricole d'une importance au moins égale à celle de Bouffarik, dans le département d'Alger. C'est à El Ksar qu'aboutissent les pistes venant de Fez, Meknès, Larache, Rabat, Méhédia, Arzila, Tetuan, Chechouen et Ouezzan; de la station d'El Ksar se détachera le tronçon de 45 kilomètres qui doit desservir Ouezzan.

A trois kilomètres d'El Ksar, la ligne franchit l'Oued Loukkos sur un ouvrage de 50 mètres d'ouverture, puis elle escalade en rampes de 5 à 10 m/m les derniers contreforts du Djebel Dersa, qu'elle franchit au kilomètre 128 et à l'altitude de 175 mètres, où une station sera ouverte aux Beni-Seffian.

Ensuite, descente vers les Chermaca, où une station est prévue au kilomètre 143, à 100 mètres d'altitude.

Traversée du Sebbou

Ponceau de 6 mètres sur l'Oued Kniss, au kilomètre 150, et l'on atteint la vallée fertile de l'Oued Redat, où vit une population nombreuse qui se livre à l'agriculture et à l'élevage. Station au kilomètre 158, à l'altitude de 65 mètres. La voie monte alors aux Ouled Hamza, où sont groupés de nombreux douars habités par une population dense s'occupant de la culture maraîchère et aussi de celle des céréales : pays fertile, gras pâturages.

Pont de 100 mètres sur l'Oued Ouergha, le plus important des affluents du Sebbou.

Stations aux douars des Cherarda, dans la vallée du Sebbou, à 100 mètres d'altitude, et au kilomètre 195; viaduc de 130 mètres sur le Sebbou, qui coule à pleins bords, même en été.

La ligne monte au flanc Est du Djebel Tselfat, passe à Souk el Kmiss, où une station est prévue au kilomètre 213 pour desservir les ruines de l'ancienne ville romaine de Volubilis, Ksar Faraoun, et la Zaouïa de Mouley Idriss, situées à une vingtaine de kilomètres.

Deux mots sur l'importance de Volubilis, qui fut considérable, mais éphémère; la ville fut détruite par les Vandales et les Goths, mais restaurée au VIIIe siècle, sous le nom d'Odlili, par Idriss, dont le fils fonda la ville de Fez en 808.

Le tremblement de terre de 1755 acheva la ruine de l'ancienne cité romaine, dont il ne reste aujourd'hui debout qu'un arc de triomphe dédié à Caracalla et deux portiques. Mais, tout autour, le sol est jonché de colonnes, de chapiteaux, de monuments funéraires aux inscriptions bien conservées, de moellons, de briques et même d'un verre épais et grossier, le tout témoignant des anciennes splendeurs de la ville morte, intéressante à signaler aux touristes.

A 3 kilomètres plus loin, vers le S.-O., on trouve la petite ville de Souk el Kmiss, de 5 à 6 000 habitants, gardienne des cendres d'Idriss, fondateur de l'empire marocain et contemporain de Charlemagne.

De Souk el Kmiss pourra se détacher un embranchement se dirigeant vers Meknès et desservant cette région très ombragée, arrosée par d'abondantes sources et de nombreux ruisseaux.

La ligne monte toujours sur le flanc du Djebel Zerhoum jusqu'à la station des Beni Amar, située au kilomètre 229, à 210 mètres d'altitude; elle traverse un pays fertile et peuplé; de vastes forêts d'oliviers couvrent les flancs de la montagne.

On descend ensuite dans la vallée de l'Oued Meknès, que la ligne franchit sur un ouvrage de 30 mètres d'ouverture et où existe déjà un pont de pierre; puis elle remonte jusqu'au plateau d'Ouadaï où une station est prévue à 240 mètres d'altitude, au kilomètre 243, et d'où se détache l'embranchement de Meknès.

La voie continue de monter au bas de Djebel Trat et sur les confins Nord de la plaine du Saïs, que dessert la station des Ouled Nçi, au kilomètre 259, à 347 mètres d'altitude.

Après avoir franchi le dernier contrefort du Djebel Trat à l'altitude de 400 mètres, la voie descend sur Fez-El-Djedid, qu'elle atteint au kilomètre 275; la station est prévue près du marabout de Sidi Amhray, à 350 mètres d'altitude.

La voie pourrait être prolongée vers l'Est jusqu'aux jardins du veux Fez, c'est-à-dire à 4 kilomètres, près du marabout de Sidi Ali bou Arayer; ce tronçon serait l'amorce d'un chemin de fer se dirigeant éven-

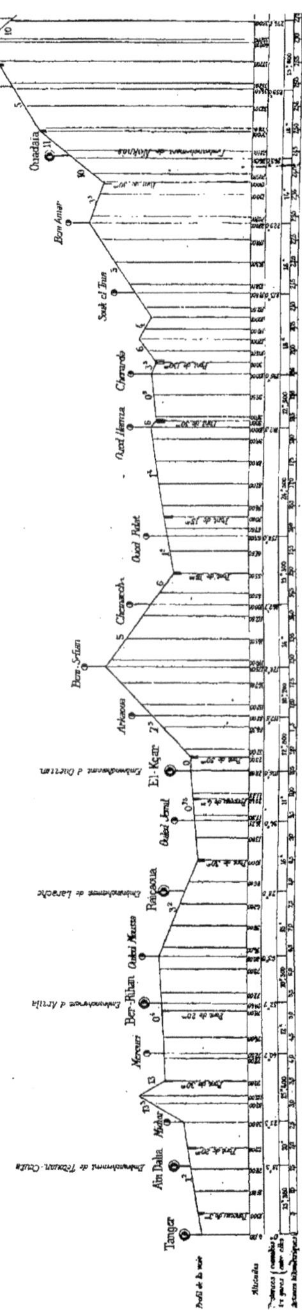

Profil en long de la voie de Tanger à Fez

tuellement vers l'Algérie par Taza; ce dernier point pourrait même être compris dans l'orbite d'attraction de Tanger, par Fez, car il se trouve à 145 kilomètres de cette denrière ville et à 420 kilomètres de Tanger, tandis que la distance de Taza à Oran est de 492 kilomètres.

Si l'on jette un coup d'œil sur le profil en long de la voie, on remarque que notre tracé présente des déclivités très atténuées, dont aucune n'atteint 15 $^m/_m$ par mètre, et, si on le compare aux profils des principales lignes d'Algérie et de la Tunisie, on se rend facilement compte que, d'une part, les dépenses de construction, et, d'autre part, celles d'exploitation, de la ligne de Tanger à Fez, n'atteindront jamais les hauteurs auxquelles sont montées les dépenses de construction et d'exploitation des réseaux voisins.

En résumé la ligne principale de notre hinterland tangérois aura un développement de.............................. 275 kilomètres

Si l'on y ajoute :

1° L'embranchement	Tetuan-Ceuta...............	95	d°
2° d°	Ber-Rihan-Arzila.............	10	d°
3° d°	Raiçoua-Larache.............	20	d°
4° d°	El-Ksar-Ouezzan............	45	d°
5° d°	Ouadaïa-Meknès............	35	d°
notre réseau aura une longueur totale de	....	480	kilomètres

On pourrait ramener cette longueur à 450 kilomètres en empruntant l'une ou l'autre, et même les deux variantes, El-Ksar-Ouezzan-Hamza-Souk-el-Kmis-Meknès; mais, dans l'un comme dans l'autre cas, le parcours direct Tanger-Fez se trouverait augmenté de 10 à 40 kilomètres, ce qu'il faut éviter; de plus, les régions fertiles et peuplées des Beni-Sefrou, Chemarcha, Ouled-Redat, seraient délaissées au profit d'autres contrées, évidemment intéressantes, mais d'un avenir moins certain.

D'ailleurs, la création du réseau paraît devoir se subdiviser en travaux de première et de deuxième urgence.

Dans la première catégorie nous plaçons évidemment le tronçon principal, de Tanger à Fez soit........................ 275 kilomètres
et l'embranchement Raiçoua-Larache............... 20 d°

Ensemble..... 295 d°

Dans les travaux de deuxième urgence entreront les autres tronçons, et tous ceux que les circonstanecs pourront désigner.

Dépenses de construction. — Si nous passons maintenant à l'analyse des conditions de construction de ce réseau, nous sommes amené à examiner tout d'abord si l'on adoptera la voie large de 1^m45 ou la voie étroite de un mètre.

A cet effet, il nous paraît utile de jeter un coup d'œil rapide sur les conditions de création du réseau algéro-tunisien, qui est le point de comparaison le plus voisin et dans lequel nous devrons puiser les renseignements techniques et financiers dont l'état actuel du Maroc n'offre aucun exemple.

Le 8 avril 1857, le gouvernement français décrétait qu'il serait créé en Algérie un réseau de chemins de fer embrassant les trois provinces et se composant :

1° D'une ligne parallèle à la mer, d'Alger à Constantine, par ou près Aumale et Sétif, et d'Alger à Oran, par ou près Blida, Orléansville, etc.;

2° De lignes partant des principaux ports et aboutissant à la ligne parallèle à la mer, savoir : de Philippeville à Constantine, de Bougie à Sétif, de Bône à Constantine par Guelma, de Ténès à Orléansville, d'Arzew et Mostaganem à Relizane, enfin d'Oran à Tlemcen par Sidi-Bel-Abbès.

Ce vaste programme, arrêté vingt-sept ans après le début de la conquête, ne devait recevoir sa complète exécution, sauf quelques modifications de détail, qu'au bout d'une période d'égale durée.

La ligne parallèle à la mer n'a pu, en effet, être terminée que vingt-neuf ans plus tard, en 1886; mais, à cette époque, elle s'étendait déjà depuis deux ans, comme on n'aurait pu le prévoir en 1857, jusqu'à la capitale de la Tunisie, et les lignes de pénétration l'avaient depuis longtemps franchie. En outre, le plus grand nombre des lignes classées par une loi postérieure, en date du 18 juillet 1879, comme réseau complémentaire d'intérêt général, étaient déjà construites ou concédées.

De son côté, le gouvernement tunisien concédait, le 18 mai 1876, à une Société française, la ligne de Tunis à Souk-el-Arba, avec certaines facultés d'extension nouvelles.

Après le décret de classement que nous avons cité plus haut, le premier acte administratif qui se produit est l'arrêté du 1er septembre 1859, qui autorise la Société des mines des Karésas, près de Bône, à construire un chemin de fer particulier à voie de 1 mètre, destiné à relier à la Seybouse les plans auto-moteurs de cette mine.

Le 17 mars 1861, la ligne fut déclarée d'utilité publique avec prolongement, d'une part jusqu'à la mer, et d'autre part jusqu'aux mines de Mokta el Hadid, c'est-à-dire sur une longueur totale de 33 kilomètres.

En juillet 1860, concession à un groupe de financiers franco-anglais des lignes à voie de 1m45 de Constantine à Philippeville et d'Alger à Oran; à ce groupe se substitua, le 31 mars 1863, la Compagnie française des chemins de fer P.-L.-M., à laquelle le gouvernement français consentit une subvention de 16 500 000 francs pour la ligne de Constantine à Philippeville et de 63 500 000 francs pour la ligne d'Alger-Oran, payable en 92 annuités représentant l'intérêt et l'amortissement de la subvention au taux de 4,50 %. En outre, le gouvernement français s'est engagé à garantir à la Compagnie, pendant 75 ans, un intérêt de 5 % sur le capital affecté par elle au premier établissement, sans excéder 80 000 000 de francs.

Les dépenses de construction des deux lignes se sont élevées à la somme de.. fr. 166 369 507
faisant ressortir le prix du kilomètre, compris infracture, superstructure et matériel roulant, à........... fr. 675 000
pour la ligne de Constantine à Philippeville, et à...... fr. 252 000
pour la ligne d'Alger à Oran.

Le 13 septembre 1872, la ligne de Bône à Guelma fut concédée à la Société de Construction des Batignolles, avec garantie de 6 %, y compris l'amortissement, sur une dépense de premier établissement fixée à forfait à 10 000 000 de francs.

Le 20 décembre 1873, la ligne à voie de 1 mètre, d'Arzew à Saïda, avec prolongements éventuels, a été concédée à la Compagnie franco-algérienne, sans subvention ni garantie d'intérêt; mais la convention concédait aussi à la Compagnie le privilège exclusif de l'exploitation des alfas sur 300 000 hectares de terrain à alfa, moyennant un droit de fr. 0,15 par tonne exploitée, jusqu'à 100 000 tonnes, et de 0,25 par tonne au delà de ce chiffre.

Le 7 mai 1874, la ligne d'intérêt local, à voie de 1m45, de Sainte-Barbe du Tlélat à Sidi-Bel-Abbès, fut concédée à MM. Seignette et Cie, qui se sont substitué la Compagnie de l'Ouest algérien. La convention garantissait aux concessionnaires un intérêt de 6 % sur les dépenses, évaluées à 7 000 000 de francs, sans que cet intérêt pût excéder 400 000 fr. par an.

Le 26 juillet 1875, concession fut faite de la ligne de Constantine à Sétif à M. Joret, agissant en son nom et aux noms de MM. Tellier, Henrotte, Durieu et Kohn-Reinach, qui s'engageaient à constituer une Société anonyme.

L'État garantissait un revenu de 7 350 francs par kilomètre sur un maximum de 155 kilomètres.

Le 6 mai 1876, le gouvernement tunisien concède à la Société des chemins de fer de la Medjerdah la ligne à voie large de Tunis à Soukel Arba et les mines de Djebba.

Aucune garantie d'intérêt n'est stipulée en faveur du concessionnaire, mais le gouvernement s'engage à fournir gratuitement les terrains nécessaires à l'emplacement d'une route de 50 mètres de largeur moyennement prélèvement d'un droit de 10 % sur les produits bruts de l'exploitation de la mine.

La Compagnie se réservait, pendant cinq ans, après l'achèvement de la ligne principale, le droit aux concessions de l'embranchement du Kef et de tout autre embranchement situé dans une zone de 50 kilomètres de la ligne. En outre, le gouvernement s'engageait à ne concéder à aucune autre Compagnie le prolongement de la ligne jusqu'à la frontière algérienne.

La concession du gouvernement tunisien ne comportant aucune garantie d'intérêt, la Compagnie, par convention du 8 mars 1877, a obtenu du gouvernement français un minimum de revenu net de fcs 10 122 par kilomètre exploité, sans excéder 220 kilomètres; cette garantie représente l'intérêt à 6 % d'un capital fixé à forfait à.... fr. 168 700 par kilomètre; le 15 février 1877, la Société concessionnaire se substitua la Compagnie du chemin de fer de Bône à Guelma et prolongements.

Le 26 mars 1877 les lignes à voie large de Guelma au Kroubs et de Duvivier à la frontière tunisienne sont concédées à la Compagnie Bône Guelma avec garantie d'intérêt à 6 % sur un capital fixé à forfait à .... fr. 44 296 114 pour les deux tronçons de Guelma au Kroubs et de Duvivier à Souk Ahras; en ce qui concerne la section de Souk Ahras à la frontière, le capital devait être fixé ultérieurement.

Le 31 août 1877, concession est faite à M. Joret, ès qualités, de la ligne à voie de 1m45 de Maison-Carrée, à Ménerville, avec garantie d'intérêt de 6 %, sans cependant excéder la somme annuelle de fr. 352 000 du capital de premier établissement, fixé à forfait à.. fr. 5 880 000

Le 27 janvier 1878, le gouvernement tunisien concède à la Compagnie Bône-Guelma, aux conditions de la première concession du 6 mai 1876, le prolongement jusqu'à la frontière algérienne de la ligne de Tunis à Souk el Arba.

Le 29 décembre 1880, la Compagnie Bône-Guelma obtint encore, dans les mêmes conditions, la concession de la ligne à voie large de Djedeïda et de celle à voie de 1 mètre de Tunis au Sahel, dite ligne de Sousse; mais les terrains seront achetés par la Compagnie jusqu'à concurrence de 60 000 francs.

Le 30 juin 1880, les lignes à voie large d'El Guerrah à Batna et le tronçon de Sétif à Ménerville, qui manquait encore à la grande ligne de Constantine à Alger, sont concédés à la Compagnie de l'Est algérien, qui s'est substiutée à MM. Joret et consorts.

Pour les lignes d'El Guerrah à Batna, la garantie est de 7 350 francs par kilomètre, comme pour celle de Constantine à Sétif, sur une longueur de 80 kilomètres.

Quant aux autres lignes déjà concédées à la Compagnie de l'Est algérien, à la garantie de .... fr. 1 492 000 déjà affectée, il est ajouté :

1° 3 450 000 francs représentant l'intérêt à 5 % des dépenses totales et complémentaires de Sétif à Ménerville, fixées à forfait à fr. 69 000 000

2° Pour la transformation de Ménerville à Maison-Carrée, la somme de .... fr. 1 584 000 représentant l'intérêt, dans les mêmes conditions, d'un capital de.. fr. 3 170 000

En résumé, pour la ligne entière de Constantine à Maison-Carrée, le revenu annuel garanti est de............................ fr. 5 100 550
soit, par kilomètre.. fr. 11 410

Par convention du 23 juin 1880, une concession à titre éventuel est faite à la Compagnie de l'Est algérien des lignes de Ménerville à Tizi-Ouzou, Beni-Mançour à Bougie, Tixter à Bougie, Batna à Biskra, Ouled Rahmoun à Aïn-Beida, et Bouira aux Trembles.

Le 8 mai 1881, concession est faite à la Compagnie de l'Ouest algérien du prolongement jusqu'à Raz el Mâ de la ligne d'Oran à Bel-Abbès; l'intérêt garanti est de 4,85 % sur la dépense, évaluée à. fr. 17 000 000
en outre, un revenu annuel de..................... fr. 541 250
est garanti pour le tronçon de Sainte-Barbe à Sidi-bel-Abbès.

Le 10 décembre 1881, concession est faite de la ligne à voie large de la Senia à Aïn Temouchent, à la Compagnie de l'Ouest algérien, avec prolongement éventuel jusqu'à Tlemcen et de Tlemcen à la frontière marocaine.

L'État garantissait d'ores et déjà, pour la ligne de la Sénia à Aïn Temouchent, un intérêt annuel de 4,85 % sur les dépenses réelles évaluées à la somme forfaitaire de..................... fr. 10 300 000

Les discussions qui avaient surgi sur les conventions concernant la concession du tronçon de Souk-Ahras à la frontière tunisienne, au profit de la Compagnie Bône-Guelma, prirent fin le 20 avril 1882.

La garantie d'intérêt, fixée définitivement à 5 %, portait sur un capital de.. fr. 25 000 000

Le 31 décembre 1882, la ligne à voie large de Ménerville à Tizi-Ouzou est concédée définitivement à l'Est algérien.

Le 5 juin 1883, c'est le tour de la ligne, également à voie large, de Batna à Biskra, et enfin, le 9 juillet 1883, la concession du 30 juin 1880 est rendue définitive en ce qui concerne la ligne à voie de 1^m 45 de Beni-Mançour à Bougie.

L'État garantit 5 % sur 16 917 344 francs pour l'embranchement de Ménerville à Tizi-Ouzou, 5 % sur 24 000 000 francs pour l'embranchement de Beni-Mançour à Bougie, et 5 % sur 28 989 928 francs pour le prolongement sur Biskra de la ligne d'El Guerrah à Batna, ou de 11 980 francs par kilomètre si la longueur dépassait 121 kilomètres.

La convention du 9 juillet 1883 a porté seulement à 16 585 francs, sur 452 kilomètres 8, la garantie de la ligne de Constantine à Maison-Carrée.

Le 12 juillet 1883, concession à la Compagnie franco-algérienne du petit embranchement à voie de 1 mètre, sur 12 kilomètres, de Tizi à Mascara, auquel l'État accorde une garantie de 5 % sur le capital, qui ne devra pas excéder.......................... fr. 1 600 000

Le 15 mai 1884, concession est faite à la Compagnie franco-algérienne de la ligne à voie de 1 mètre de Mostaganem à Tiaret, avec garantie de 5 % sur un capital de premier établissement ne devant dépasser la somme de.. fr. 21 500 000

Le 16 mai 1885, concession à la Compagnie de l'Ouest algérien du tronçon à voie large de Tabia à Tlemcen, avec garantie d'intérêt de 5 % sur le montant des dépenses réelles, évaluées à........ fr. 16 400 000

Le 23 mai 1885, concession à la Compagnie franco-algérienne de la ligne d'Arzew à Saïda; ce prolongement, construit par l'État et qui atteint Méchéria, comportait une longueur supplémentaire de 137 kilomètres à exploiter par la Compagnie, à laquelle il était garanti 5 % sur les dépenses d'acquisition de matériel et de travaux complémentaires, le tout évalué à.. fr. 2 700 000

Le 23 mai 1885, la ligne de Souk Ahras à Tebessa, qui avait été classée, dès le 18 juillet 1879, dans le réseau complémentaire d'intérêt général, fut concédée à la Compagnie de Bône à Guelma.

En 1880, cette Société avait déjà présenté un projet de chemin de fer à voie large qui fut repoussé par le gouvernement; la dépense devait atteindre la somme de........................... fr. 29 000 000

Un projet à voie étroite abaissait la dépense à...... fr. 15 000 000

Les avis furent longtemps partagés sur ces deux projets; les discussions qui en résultèrent semblent avoir démontré que ce fut une erreur de construire des voies larges à grand renfort de millions, dans un pays neuf dont l'avenir économique, encore incertain, fut, sinon compromis, mais tout au moins retardé par les énormes garanties d'intérêt qui pèsent actuellement sur le budget de l'Algérie.

On a donc adopté la voie étroite pour la ligne de Souk Ahras à Tebessa, et, dorénavant, c'est la voie étroite d'un mètre, sauf de très rares exceptions, qui sera adoptée pour les lignes nouvelles du réseau algéro-tunisien.

La garantie donnée à la Compagnie Bône-Guelma pour la ligne de Souk Ahras à Tebessa, est de 5 % sur une dépense de.. fr. 17 450 000

Le 20 juin 1885, la Compagnie de l'Est algérien obtient la concession de la ligne à voie étroite des Ouled Rahmoun à Aïn-Beïda, avec garantie d'intérêt de 5 % sur un capital forfaitaire de.......... fr. 1 235 000

Le 15 avril 1886, le prolongement de la ligne à voie étroite d'Arzew à Saïda et à Mecheria jusqu'à Aïn Sefra est concédé à la Compagnie franco-algérienne, avec une garantie d'intérêt de 4,85 %, amortissement compris, sur une dépense forfaitaire de............. fr. 8 125 000

Le 16 avril 1886 est concédée à la Compagnie de l'Ouest algérien la ligne à voie étroite de Blida à Berrouaghia par Medea, avec prolongement éventuel sur Boghari, avec garantie d'intérêt à 4,85 % sur un forfait de.. fr. 27 000 000

Les événements qui obligèrent la France à intervenir en Tunisie, et qui motivèrent le traité de mai 1881 avec le bey, apportèrent certaines modifications aux concessions accordées à la Compagnie de Bône-Guelma par le gouvernement tunisien.

Le 25 juillet 1882, le bey ayant transféré au gouvernement français le privilège de concéder les voies ferrées de la régence dans les conditions qu'il jugerait convenables, des négociations furent entamées et aboutirent le 10 septembre 1894 à la modification de la convention du 29 septembre 1880, relative à l'exploitation des lignes de Djedeïda à Bizerte et de Tunis à Sousse, et à la concession des lignes nouvelles de Tunis à Zahgouan et à Pont du Faëh, d'Hammam Lif à Nebeur et Mentzel-bou-Zalfa, de Sousse à Kairouan; le capital de construction, fixé à forfait à la somme de.. fr. 17 494 070 soit, à raison de 50 000 francs par kilomètre pour 348 kilomètres, a été fourni par l'État tunisien.

Les dépenses d'exploitation garanties par l'État à la Compagnie concessionnaire sont de 3 500 francs par kilomètre pour la ligne de Bizerte, qui est à voie large, et de 3 000 francs pour les autres lignes, qui sont à voie étroite; la Compagnie est autorisée à prélever, à titre d'avance, sur les réserves de son réseau, garanti par le gouvernement français, les insuffisances d'exploitation des lignes tunisiennes dont elle avait assumé la charge.

Le 3 août 1896, un décret concède à une Compagnie française, pour 60 années, l'exploitation des phosphates de la région de Gafsa ainsi que la construction et l'exploitation, pour le même laps de temps, d'une ligne de chemin de fer reliant Sfax à ces gisements, soit sur 243 kilomètres et sans aucune redevance que la cession, à titre gratuit, en toute propriété, au profit de la Compagnie, de 30 000 hectares de terrains domaniaux cultivables, situés dans le contrôle de Sfax.

Ce contrat assure au gouvernement tunisien :

1° La construction et l'exploitation, sans subvention ni garantie, d'un chemin de fer de 243 kilomètres desservant des régions susceptibles d'être mises en valeur;

2° Un revenu calculé d'après le nombre de tonnes exportées avec minimum annuel de redevance de 150 000 francs;

3° Une redevance supplémentaire calculée sur le tonnage exporté, à raison d'une taxe par tonne égale à la différence entre les droits de toute nature qui frapperont dans l'avenir les phosphates d'Algérie et la redevance tunisienne, fixée à un franc par tonne;

4° Une seconde redevance supplémentaire, calculée sur le tonnage vendu desdits phosphates à raison d'une taxe par tonne égale à 25 % de la différence entre le prix moyen de vente sous palan à Sfax et le prix de 35 francs, quand le cours des phosphates dépasse ce chiffre.

Ces diverses redevances supplémentaires sont affectées à la garantie de l'exploitation du chemin de fer pendant des périodes déterminées, sous réserve de remboursement des avances sans intérêt sur les bénéfices futurs de la ligne.

Les excédents budgétaires ayant permis au gouvernement tunisien d'entreprendre la construction de nouvelles lignes sur 250 kilomètres successivement, en 1898-1902-1904, furent confiées à l'exploitation de la Compagnie Bône-Guelma les nouvelles lignes du Mornag, du Pont du Façh à Kalaa-Djerba, et le prolongement de la ligne de Sousse à Mahedia.

Enfin, les besoins sans cesse croissants, du développement économique de l'Algérie et de la Tunisie, obligèrent les deux colonies à recourir à l'emprunt direct pour l'extension de leur réseau de voies ferrées; budgets d'État et des départements fournirent leur quote-part dans la dépense de construction de lignes secondaires et de tramways dont le développement portera prochainement la longueur du réseau algérien, en lignes exploitées ou en construction, à........... 4 000 kilomètres

La longueur du réseau tunisien sera portée de son côté à.. 1 950 d°

dont 1 500 à voie étroite. Ensemble............... 5 950 d°

Les tableaux ci-après résument, pour les lignes principales construites, soit à voie large, soit à voie étroite, la date de leur mise en exploitation, leur longueur, les dépenses de construction de chacune et leur trafic actuel.

On remarquera que, depuis 1894, on n'a plus construit ni concédé de ligne à voie large, sauf pour des tronçons classés dans le prolongement de lignes de même largeur; mais partout ailleurs, et surtout en Tunisie, le réseau se complète par des lignes à voie étroite, c'est-à-dire de 1 mètre dont le développement atteint aujourd'hui 3 500 kilomètres, soit les 3/5 de la totalité du réseau algéro-tunisien.

Cela se conçoit d'ailleurs, car la voie de 1 mètre est incontestablement la plus rationnelle, en raison de sa souplesse et de l'économie qu'elle présente dans sa construction sur celle de la voie large, tout en étant presque aussi robuste et de même capacité que cette dernière.

Si on l'adopte pour le réseau du Maroc, et tout la recommande à l'attention de ceux qui présideront au développement de ce pays, on éprouvera quelques difficultés pour le raccordement avec la voie algérienne d'Oran à Maghrnia; mais, si l'on a commis une erreur, par delà cette partie de la frontière, il serait injuste d'en faire supporter les conséquences aux pays voisins.

D'autre part, l'Espagne pourrait aspirer un jour à raccorder son réseau métropolitain avec celui du Maroc, sur ou sous le détroit de Gibraltar; mais, comme ses voies sont extra-larges, c'est-à-dire de $1^{m}67$, on ne pourrait pas plus les concilier avec la voie de $1^{m}45$ qu'avec celle de 1 mètre.

Pour toutes ces raisons nous opinons pour la voie de 1 mètre qui est,

Dépenses de premier établissement et recettes actuelles du réseau algéro-tunisien

DÉSIGNATION DES LIGNES	DATES d'exploitation	LONGUEUR en kilomètres	DÉPENSES DE CONSTRUCTION		RECETTES				RECETTES TOTALES EN FRANCS	
					sur marchandises		sur voyageurs			
			par ligne	par kilom.	Tonnage	Produits	Nombre	Produits	par ligne	par kilom.
Voie large :										
Alger à Oran	1870	426	07 619 115	252 000	1 056 000	6 776 000	1 056 000	3 074 000	9 250 000	23 100
Philippeville à Constantine	1871	87	58 750 392	675 000	247 000	2 205 000	202 000	402 000	2 607 000	30 000
Bône à Kroubs	1879	203	35 140 000	170 000	185 000	2 689 000	200 000	550 000	2 639 000	13 000
Duvivier à Ghardimaou	1884	105	46 155 544	439 000	75 000	709 000	200 000	600 000	1 309 000	12 400
Tunis à Ghardimaou	1884	226	37 114 000	169 000	150 000	5 800 000	720 000	1 300 000	2 600 000	11 500
Sainte-Barbe à Raz-el-Ma	1885	152	23 459 282	156 000	255 000	1 739 000	350 000	800 000	2 539 000	16 700
Oran à Aïn-Temouchent	1886	70	8 683 723	124 000	85 000	681 000	130 000	300 000	981 000	14 000
Constantine à Alger	1886	463	84 189 015	230 000	440 000	4 384 000	800 000	2 600 000	6 984 000	15 000
El-Guerrah à Biskra	1888	201	30 601 164	153 000	100 000	1 092 000	145 000	520 000	1 612 000	8 000
Ménerville à Tizi-Ouzou	1888	51	18 261 926	344 000	40 000	376 000	60 000	180 000	556 000	10 900
Bougie à Beni-Mansour	1889	86	20 777 764	238 000	70 000	659 600	90 000	330 000	989 600	11 500
Tabia à Tlemcen	1889	64	15 684 207	245 000	65 000	462 000	75 000	170 000	632 000	9 900
Djedeida à Bizerte	1894	73	5 846 000	80 000	75 000	230 000	170 000	400 000	630 000	8 600
Totaux par la voie large		2 207	492 302 144	223 000	2 873 000	22 702 600	4 208 000	11 226 000	33 928 000	15 400

Dépenses de premier établissement et recettes actuelles du réseau algéro-tunisien

DÉSIGNATION DES LIGNES	DATES d'exploitation	LONGUEUR en kilomètres	DÉPENSES DE CONSTRUCTION		RECETTES sur marchandises		RECETTES sur voyageurs		RECETTES TOTALES EN FRANCS	
			par ligne	par kilom.	Tonnage	Produits	Nombre	Produits	par ligne	par kilom.
Voie étroite :										
Bône à Aïn-Mokra	1864	33	4 235 000	128 000	63 500	135 700	69 000	73 000	203 000	6 300
Tizi à Mascara	1886	12	1 843 000	112 000	5 000	64 000	17 000	20 000	84 000	7 000
Arzew à Aïn-Sefra	1887	454	51 059 404	113 000	220 000	2 180 000	300 000	800 000	3 180 000	7 000
Soukarras à Tebessa	1888	128	15 450 000	120 000	300 000	1 559 000	50 000	300 000	1 859 000	14 500
Mostaganem à Tiaret	1889	198	21 500 000	108 000	90 000	900 000	12 000	300 000	1 200 000	6 000
Ouled-Ramoun à Aïn-Beïda	1889	92	8 421 619	91 000	50 000	481 000	65 000	270 000	751 000	8 200
Blidah à Berrouaghia	1892	83	7 135 162	86 000	65 000	434 000	55 000	125 000	559 000	6 700
Tunis à Sousse	1897	50								
Fondouck-Djedid à Menzel	1897	14								
Tunis à Zaghouan	1897	61	17 495 000	50 000	500 000	2 150 000	380 000	800 000	2 959 000	3 800
Kalaa-Srira à Kairouan	1898	50								
Sousse à Mahdia	1907	73								
Sfax à Metlaoui	1899	243	15 309 000	63 000	800 000	6 204 005	57 700	223 000	6 407 000	26 350
Pont-du-Fast à Kalaa-Djerda	1906	200			400 000	2 860 000	70 000	320 000	3 130 000	15 900
Birkassa à la Laverie	1903	19	16 080 006	60 000	46 000	58 000	50 000	31 000	89 000	4 700
Oued-Sarrat à Kalla-Senam	1906	32			130 000	151 000	13 000	20 000	171 000	5 400
Totaux pour la voie étroite		1842	157 933 185	85 700	2 669 500	17 357 300	1 242 200	3 282 000	20 639 600	11 200

quoiqu'on puisse dire, la voie qui traversera le Sahara et qui se raccordera dans un avenir peut-être prochain, aux lignes de l'hinterland africain, du Dahomey, de la Côte d'Ivoire, du Niger, etc., où il s'agit de construire des chemins de fer pour des régions qui, comme le Maroc, ne seront appelées que plus tard au rôle des contrées civilisées et cultivées de l'Europe centrale, même en supposant que, malgré le climat et la nature du sol, leur assimilation puisse être un jour complète.

Donc, indépendamment des dispositions nouvelles commandées par les circonstances locales et pour lesquelles il faut savoir à l'occasion faire table rase du passé, c'est, d'une manière générale, sur l'exemple des lignes à faible trafic, exploitées le plus économiquement, qu'il nous paraît y avoir lieu de se baser pour notre réseau tangérois.

Nous posons donc ce principe que notre ligne ferrée aura 1 mètre de largeur entre le bord intérieur des rails et qu'elle sera à voie unique, parce que la double voie n'est indispensable que lorsque la ligne doit donner passage à plus de 30 trains par 24 heures, ce qui correspond à un trafic supérieur à 1 500 000 tonnes; or, il se passera beaucoup de temps avant que le développement de notre hinterland nous permette d'espérer un trafic de cette importance.

La largeur de la plateforme sera de 4 mètres, entre fossés de $0^{m}75$.

Les alignements seront raccordés par des courbes dont le rayon minimum ne sera pas inférieur à 100 mètres.

Une partie droite de 40 mètres au moins de longueur sera ménagée entre deux courbes consécutives lorsqu'elles seront dirigées en sens contraires.

Le maximum des déclivités sera de 20 $^{m}/_{m}$ par mètre; une partie horizontale de 100 mètres sera ménagée entre deux déclivités consécutives de sens contraires.

Les rails seront en acier, du poids de 25 kilos au mètre courant, posés sur traverses métalliques de $1^{m}75$ pesant 35 kilos.

Les ouvrages d'art présenteront une largeur libre de $3^{m}60$ au moins, avec garde-corps pour ceux dont l'ouverture sera supérieure à 15 mètres.

Par raison d'économie, nous ne prévoyons ni signaux, ni gabarits de chargement, ni clôtures, ni contre-rails, puisqu'il n'existe encore aucune route.

Terrains. — La ligne devant traverser une région relativement peu accidentée et ne pénétrer que peu profondément dans les centres d'agglomération importants, l'acquisition des terrains nécessaires à son assiette et à celle de ses dépendances, soit 15 mètres de largeur en moyenne, ne demandera pas une grande dépense, d'autant plus que le gouvernement marocain est possesseur de grandes superficies dans la région et qu'il pourra intervenir utilement pour la fourniture gratuite desdits terrains.

Sauf pour Tanger, où nous estimerons à 15 000 francs l'hectare le prix des terrains traversés, 5 000 pour Larache, El Ksar et Fez, partout ailleurs nous pensons que le prix moyen de 300 francs est amplement rémunérateur.

Donc, pour la zone de Tanger, nous compterons :

2 000 mètres de longueur sur 15 mètres de largeur, soit 3 hectares à 15 000 fr. l'hectare	fr.	45 000
1 000 mètres de longueur pour chacune des villes de Larache, El Ksar et Fez, soit 4 hectares 5 à 5 000 francs		22 500
Et, pour le surplus de la ligne, soit 290 kilomètres de longueur, une superficie de 435 hectares à 300 francs		130 500
Ajoutons 10 % pour frais d'actes, de personnel spécial, etc.		17 000
Dépense totale pour l'acquisition des terrains	fr.	215 000

Terrassements. — En comptant une moyenne de 5 mètres cubes de déblais par mètre courant, ce qui paraît normal, nous aurons un volume à déplacer de 295 000 × 5 = 1 475 000 mètres cubes à 2 francs. 2 950 000

Ouvrages d'art. — 350 aqueducs de 0,60 à 0,80 d'ouverture, à :

500 francs l'un				fr.	175 500
100 de 1 à 2 mètres à 1 500 francs				fr.	150 000
50 ponceaux de 3 à 4 mètres, à 6 000 francs				fr.	300 000
30 maisons pour gardes et cantonniers à 6 000 francs.				fr.	180 000
Pont de 20 mètres	sur l'Oued	Taddert,	au kil......10	fr.	30 000
d° de 30	d°	El Haschef	d°......35	fr.	45 000
d° de 30	d°	Maghzen	d°......85	fr.	45 000
d° de 50	d°	Loukkos	d°.....108	fr.	100 000
d° de 100	d°	Loukkos, près Larache.		fr.	200 000
d° de 16	d°	T'nin,	au kil.....150	fr.	25 000
d° de 15	d°	R'dat	d°.....163	fr.	22 500
d° de 39	d°	Ouergha	d°.....185	fr.	45 000
d° de 130	d°	Sebou	d°.....197	fr.	300 000
d° de 30	d°	Meknès	d°.....328	fr.	45 000
Total pour les ouvrages d'art				fr.	1 662 500

Tunnels. — Il se pourrait que, pour franchir certains défilés étroits et tortueux, on soit obligé d'entrer en souterrain, nous pensons qu'il est sage de prévoir, par exemple, un tunnel d'une centaine de mètres pour traverser l'Akbat el Hamera, vers le kilomètre 31, et un autre dans la vallée de l'Oued Meknès, vers le kilomètre 232, soit en totalité 250 mètres à fr. 1 000 .... fr. 250 000

Voies. — Nous avons prévu précédemment que la voie serait composée de rails d'acier de 25 kilogrammes au mètre courant de 10 mètres de longueur, fixés sur 12 traverses métalliques de 1^m75, pesant chacune 35 kilos, au moyen de crapauds et de boulons avec rondelles Grover.

Cette voie, mise en place au moyen des procédés mécaniques à l'aide de wagons poseurs, coûtera 25 francs le mètre courant; ainsi, pour 295 000 mètres de voie courante et 25 000 mètres de voie d'évitement, il faut compter une dépense de...................... fr. 8 000 000

Le ballast, sur 320 000 mètres à raison de $1^{m3}400$ par mètre courant, soit 450 000 m^3 à fr. 4, coûtera........ fr. 1 800 000

4 appareils de changement, dans chacune des 13 stations secondaires;

6 dans chacune des 4 stations de bifurcation;

12 dans chacune des 4 gares principales ;

Soit en totalité 124 appareils à fr. 3 000............ fr. 372 000

3 plaques tournantes dans chacune des 4 gares principales, soit 12 appareils à fr. 3 000................. fr. 36 000

4 ponts tournants à fr. 20 000................... fr. 80 000

4 ponts à bascule de 20 tonnes, à fr. 3 000.......... fr. 12 000

4 grues de chargement de 6 tonnes, à fr. 10 000...... fr. 40 000

300 000 mètres de ligne télégraphique ou téléphonique à 2 fils, à 0 fr. 50 le mètre.................. fr. 150 000

Ensemble, pour le matériel de voie....... fr. 10 490 000

Stations. — Une station secondaire, comprenant un bâtiment de voyageurs avec un étage, coûtera....................... fr. 15 000

Lieux d'aisances, avec fosse.................... fr. 750

Halle à marchandises........................ fr. 4 250

Total pour une station............. fr. 20 000

Pour 12 stations semblables..................... fr. 240 000

Pour une station de bifurcation, il y a lieu d'ajouter, pour logement du personnel supplémentaire, le coût de 2 maisonnettes et d'une remise pour les machines...... fr. 42 000

Pour 3 semblables........................... fr. 226 000

Les stations principales, comprenant, à Fez et à Tanger, 2 bâtiments de voyageurs, de.................. fr. 70 000

A El Ksar et à Larache......................... fr. 50 000

Halles à Fez et à Tanger...................... fr. 50 000

Halles à El Ksar et à Larache.................. fr. 20 000

Remises pour locomotives et voitures :

2 à Tanger et à Fez pour 6 machines et 12 voitures, et ateliers .... fr. 500 000

Remises pour 2 locomotives et 4 voitures à Larache et à El Ksar.................................. fr. 80 000

4 water-closets et lampisterie, à fr. 3 000	fr.	12 000
10 alimentations hydrauliques sur le parcours de la ligne à fr. 40 000 l'une	fr.	400 000
3 000 mètres de trottoirs à fr. 10, à répartir dans les gares principales	fr.	30 000
Mobilier des gares	fr.	30 000
Ensemble de la dépense pour les stations	fr.	1 650 000

Matériel roulant. — Le matériel roulant comprendra des machines mixtes de 25 à 30 tonnes à 3 essieus couplés et un essieu porteur, des voitures mixtes de première et deuxième classe, des voitures de troisième classe, des fourgons à bagages, wagons à bestiaux, plateformes, etc., le tout en nombre suffisant, et dont on peut estimer la dépense à environ fr. 10 000 par kilomètres, soit, pour 295 kilomètres.... fr. 2 950 000

Récapitulation des dépenses de premier établissement

Infrastructure

Terrains	fr.	215 000	fr.	
Terrassements	fr.	2 950 000		
Ouvrages d'art	fr.	1 662 500		
Tunnels	fr.	250 000	fr.	5 107 500

Superstructure

Voie	fr.	10 490 000		
Stations	fr.	1 650 000	fr.	12 140 000
Matériel roulant			fr.	2 950 000
Imprévus			fr.	1 802 500
Total des dépenses de premier établissement.			fr.	22 000 000

Trafic probable. — Nous avons vu dans les renseignements statistiques qui ont fait l'objet de notre précédente étude, que le trafic du port de Tanger pouvait être évalué actuellement, par année, à. fr. 15 000 000
représentant un poids de marchandises de tonnes...... 60 000

Le trafic de Larache qui est d'environ.............. fr. 8 000 000
correspondant à 40 000 tonnes de marchandises, soit pour les deux ports transitaires de Fez, un trafic total, en tonnes, de.................................. 100 000
dont environ les deux tiers à l'importation, soit 65 000 tonnes et 35 000 tonnes à l'exportation.

A défaut de statistique précise, il faut calculer que, proportionnellement à la capacité de consommation et de production des populations intéressées, ces marchandises sont consommées d'après la répartition suivante :

Celles d'importation.

A Tanger, jusqu'à concurrence de.................	20 000	tonnes
A El Ksar et région voisine........................	15 000	d°
A Larache..	5 000	d°
A Fez..	25 000	d°
Celles d'exportation viennent :		
De Fez, pour une quantité de.....................	20 000	d°
D'El Ksar..	15 000	d°

D'où l'on déduit que 28 000 tonnes environ font le trajet de Fez à Tanger, et *vice versa*, que 17 000 tonnes empruntent la route de Fez à Larache, et *vice versa*, que 18 000 tonnes ne parcourent seulement que la distance de Tanger à El Ksar, et qu'enfin 11 500 tonnes font le trajet de Larache à El Ksar.

Si l'on applique à ces quantités le prix habituel du transport qu'elles supportent actuellement, soit fr. 0,95 par tonne kilométrique, il y aurait lieu tout d'abord de retirer du tonnage, Tanger-El-Ksar-Fez, 5 000 tonnes environ représentant les bestiaux qui viennent du Gharb pour s'embarquer à Tanger; il n'y a donc à compter, pour les frais de transport des marchandises dans l'hinterland de Tanger, que :

Tanger-Fez	0,95 × 250 × 25 000 =	fr. 5 937 500
Fez-Larache	0,95 × 180 × 17 500 =	fr. 2 992 500
El-Ksar-Tanger	0,95 × 100 × 16 500 =	fr. 1 520 000
El-Ksar-Larache	0,95 × 30 × 11 500 =	fr. 527 750
Total		fr. 10 777 750

A ce chiffre, qui paraît énorme, mais qui cependant serre de près la vérité, il convient d'ajouter les frais de 1 500 voyageurs qui font annuellement le trajet de Fez à Tanger; ces frais, qui ne sont pas moindres de fr. 1 000 par personne, forment une nouvelle somme de... fr. 1 500 000

et donnent un total général de frais de transport de .... fr. 12 000 000 en chiffres ronds.

Dépenses d'exploitation. — Nous avons admis que notre réseau pourrait être classé pendant un certain temps dans la catégorie des chemins de fer à faible trafic; dès lors il conviendra de serrer de près les dépenses d'exploitation.

Cette exploitation devra être organisée, non pas, comme on le fait ordinairement, en vue de tous les cas exceptionnels qui peuvent se présenter, mais pour la généralité de ces cas; l'application de ce principe permettra de réaliser des économies de toutes sortes.

Ainsi conviendra-t-il, en ce qui concerne le personnel dirigeant, de confier la surveillance de tous les services, voie, traction, mouvement, à un seul chef d'exploitation, ingénieur ou directeur.

On pourra ainsi, tout en affectant en temps normal un personnel spécial à chaque branche du service, se servir de l'ensemble de ce personnel pour faire face aux besoins particuliers ou exceptionnels de l'exploitation.

On s'attachera à réduire certains objets, outils ou instruments spéciaux faisant partie du mobilier des gares et qui ne trouvent leur emploi que dans de rares occasions.

Dans le même ordre d'idées on pourra réduire, en nombre et en dimensions, les registres de comptabilité.

On complètera cette simplification, en réduisant au strict nécessaire, les règlements, instructions et correspondances de toute nature, la bonne marche du service devant dépendre surtout de la surveillance, des conseils et observations verbales des agents supérieurs.

Le mouvement, pour le trafic de début, de 100 000 tonnes par an, nécessitera un train journalier dans chaque sens; ces trains seront mixtes, sauf le cas où il pourra devenir nécessaire de mettre en marche des trains spéciaux de marchandises, dans la période où le trafic se sera exceptionnellement accru. Nous estimons qu'avec l'emploi de cette méthode, que recommande la pratique, on peut arriver à faire une exploitation économique, de sorte que les dépenses totales du mouvement, du trafic, de la traction, de toute l'exploitation en un mot, se tiendront entre 2 500 et 3 000 francs par kilomètre et par an, soit en frais généraux

soit en frais généraux	fr.	500
En frais d'exploitation proprement dite	fr.	500
En frais de traction, entretien et renouvellement du matériel roulant	fr.	1 200
En frais d'entretien et de renouvellement de la voie et bâtiments	fr.	800
TOTAL	fr.	3 000
Soit, pour 295 kilomètres, une dépense de	fr.	875 000
Si l'on ajoute à cette somme l'annuité d'amortissement à 5 % du capital de premier établissement, soit environ	fr.	1 100 000
il faudra que les recettes puissent donner	fr.	1 975 000

Or, nous avons vu ci-dessus que les frais de transport payés actuellement par les marchandises et les voyageurs sur la route de Tanger à Fez atteignent la somme annuelle de .... fr. 12 000 000

La marge est donc considérable, et la vie de notre chemin de fer se trouve d'autant plus largement et sûrement assurée qu'il n'aura pas à redouter la concurrence du roulage, laquelle n'est à craindre que dans les régions où existent de bonnes routes, et ce n'est pas encore le cas pour l'hinterland de Tanger.

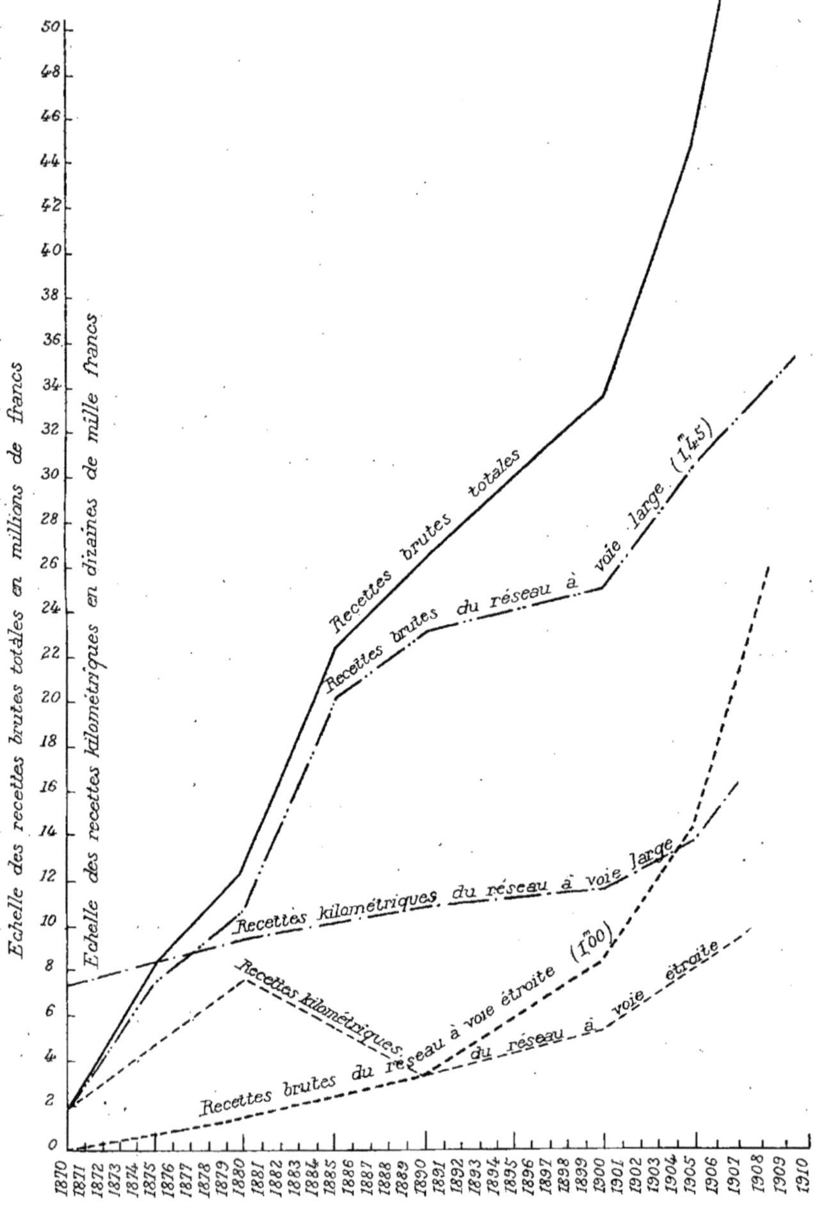

Graphique général des recettes des réseaux algériens et tunisiens

Néanmoins il y a lieu de croire que, dans un temps qu'il faut désirer prochain, cette situation changera, et que le Maroc, entrant résolument dans la voie du progrès, verra son outillage économique s'augmenter d'un réseau de routes dont les unes, parallèles aux voies ferrées, pourront peut-être détourner une partie du trafic du chemin de fer.

Mais ce dernier aura de l'avance, et l'affluence de sa clientèle lui permettra d'abaisser ses tarifs, et par conséquent de conserver son trafic. Pour terminer cette étude, nous avons dressé le tableau, page 156, des recettes des chemins de fer d'Algérie et de Tunisie pour en déduire le trafic probable de notre ligne de Tanger à Fez.

On y remarque des recettes inférieures à fr. 2 000 par kilomètre, à Motka El Hadid, tandis que la ligne de Philippeville à Constantine n'a jamais moins de fr. 20 000 par kilomètre, ce produit ayant même quelquefois dépassé fr. 40 000.

Cette dernière ligne réunit d'ailleurs, comme celle de Tanger à Fez, les conditions les plus favorables qu'une section de voie puisse trouver dans sa situation géographique.

Faisant communiquer directement avec la mer une grande ville encore dans une période de développement, sinon de formation, elle a trouvé dès le début dans ses importations les ressources nécessaires pour alimenter son trafic.

Desservant en outre, sans concurrence, les régions agricoles situées dans l'intérieur à l'Est et à l'Ouest de Constantine, elle a vu constamment s'étendre le cercle de son influence, et les besoins ordinaires des régions qu'elle dessert ont suffi pour que les recettes se maintiennent toujours au-dessus de 20 000 francs par kilomètre, pour monter, comme en 1885, au delà de 40 000 francs.

Or, nous avons montré que la région que devra desservir la ligne de Tanger-Fez ne le cède en rien à l'hinterland de Philippeville, et que, sous plus d'un rapport, elle lui est supérieure, notamment en ce qui concerne le chiffre de la population, la fertilité du sol et la régularité du climat.

Notre chemin de fer pourrait être en droit d'espérer des résultats aussi satisfaisants, et même, si nous nous tenons dans les prévisions plus modestes des recettes obtenues sur l'ensemble du réseau à voie étroite algéro-tunisien, où la moyenne kilométrique, sur une période de 25 ans, est d'environ 7 000 francs, nous sommes toujours certain que le chemin de fer de Tanger à Fez pourra vivre, même en percevant les taxes réduites des réseaux voisins; en effet, sur 295 kilomètres, les recettes produiront la somme de 1 975 000 francs, suffisante pour couvrir les frais d'exploitation et payer l'annuité d'amortissement du capital de premier établissement.

Dans ces conditions il semble que la garantie qu'on pourrait demander

Recettes des chemins de fer algériens et tunisiens

Réseaux	1870		1880		1890		1900		1905		1910		1911	
	Longueur	Recettes brutes	Longueur	Recettes brutes	Longueur	Recettes brutes	Longueur	Recettes brutes	Longueur	Recettes brutes	Longueur	Recettes brutes	Longueur	Recettes brutes
Voie large :														
P.-L.-M	265	1 984 259	513	7 345 195	513	9 867 641	515	9 333 162	515	10 506 634	515	12 457 364	515	
Est-algérien	»	»	163	795 286	805	6 345 722	805	7 075 342	805	9 046 855	805	10 141 218	805	
Ouest-algérien	»	»	51	932 416	290	2 359 669	296	3 024 076	296	3 898 373	296	4 152 347	296	
Franco-algérien	»	»	»	»	»	»	»	»	»	»	»	»	»	
B. G.) algérien	»	»	167		308		308	3 044 317	308	3 858 505	308	3 947 153	308	
B. G.) tunisien	»		226	1 567 915	226	4 506 545	299	2 588 642	299	3 095 689	299	2 996 365	269	33 417 772
Totaux	265	1 984 259	1 130	10 640 812	2 142	23 079 577	2 223	25 064 939	2 223	30 406 056	2 223	33 644 444	2 223	
Recette moyenne kilométrique		7 490		9 417		10 775		11 300		13 700		15 145		
Voie étroite :														
Est-algérien	»	»	»	»	93	345 754	93	263 097	93	390 853	93	751 072	93	
Ouest-algérien	»	»	»	»	»	»	83	419 026	83	554 285	83	558 637	83	
Franco-algérien	»	»	171	1 498 628	695	2 397 135	695	3 690 432	874	5 262 080	925	5 223 504	925	
Mokta-el-Hadid	»	»	33	63 646	33	62 639	33	64 605	33	111 830	33	209 217	33	
B.-G.) algérien	»	»	»	»	128	315 219	128	1 349 949	128	1 676 982	128	1 859 593	128	
B.-G.) tunisien	»	»	»	»	»	»	335	934 487	357	1 421 716	589	4 048 155	596	6 403 439
Sfax-Gafsa	»	»	»	»	»	»	243	1 736 502	343	4 915 610	243	5 648 030	243	6 475 068
Totaux	»	»	204	1 562 274	949	3 120 747	1 610	8 458 098	1 811	14 333 346	2 094	18 298 208	2 094	
Recette moyenne kilométrique				7 658		3 290		5 250		7 915		8 738		

au gouvernement n'aura pas à fonctionner; d'ailleurs, comme il est vraisemblable que c'est le même concessionnaire qui exploitera à la fois le port de Tanger et le chemin de fer, il pourra, soit modifier ses tarifs, soit combiner son exploitation pour que les deux affaires se prêtent en cas de besoin un appui réciproque.

Rappelons enfin, en ce qui concerne les tarifs à appliquer, que les marchandises sont habituées aujourd'hui à payer très cher, c'est-à-dire fr. 0,95 la tonne kilométrique, de Tanger à Fez, et qu'en réduisant ce tarif de 70 % il resterait encore entre les mains de l'exploitation du chemin de fer une somme importante, en tous cas suffisante, pour faire face à tous les frais et donner un bénéfice appréciable : le tableau comparatif ci-après montre, en effet, qu'en abaissant à fr. 0,30 le prix du transport de la tonne kilométrique on atteindra le double résultat de dégrever notablement les populations intéressées et d'assurer aux actionnaires du chemin de fer un dividende de 8 % au moins.

DÉTAIL DES FRAIS DE TRANSPORT d'après les marchandises transportées	Taxe actuelle de fr. 0 95	Taxe de chemin de fer fr. 0 30
Tanger, 25 000 tonnes sur 250 kilom	5 937 500	2 062 500
Fez à Larache, 17 500 tonnes sur 180 kilom.....	2 992 500	945 000
El-Ksar à Tanger, 16 000 tonnes sur 100 kilom.	1 520 000	480 000
El Ksar à Larache, 4 500 tonnes sur 20 kilom .	327 000	69 000
Ensemble, pour les marchandises............	10 777 000	3 556 500
1 500 voyageurs dans le premier cas	1 500 000	
5 000 dans le deuxième cas à fr. 30..........		150 000
Total des recettes	12 277 000	3 706 500
Report des recettes du chemin de fer	3 706 500	
Dégrèvement total en faveur du public.......	8 570 500	
Report des frais d'exploitation et amortissement du capital...		1 925 000
Bénéfices nets...		1 781 500
Dividende		8 %

Le tarif de fr. 0,30 par tonne kilométrique peut paraître excessif pour un transport par chemin de fer, mais il n'a rien d'exagéré pour un début;

certaines lignes d'Algérie et de Tunisie l'ont également employé dans les premières années de leur exploitation et ne l'ont abaissé que pour lutter contre la concurrence du roulage, lequel avait lui-même abaissé ses tarifs jusqu'à 0 fr. 15 par tonne et par kilomètre.

Mais nous répétons ici que le chemin de fer de Fez à Tanger n'a pas à redouter cette concurrence que, d'autre part, ainsi qu'il y a lieu de l'espérer, le trafic augmentant, les tarifs pourront être abaissés dans les mêmes proportions.

C'est ainsi que le trafic marchandises du réseau algéro-tunisien étant actuellement de 5 542 000 tonnes, et à peu près autant pour les voyageurs, soit 5 450 000 transportés, sur 4 409 kilomètres, il en résulte un trafic moyen kilométrique de 1 350 tonnes et de 1 530 voyageurs, qui a été obtenu après une période moyenne de 20 ans; il ne paraîtra donc pas téméraire, pour les ingénieurs quelque peu renseignés sur les questions nord-africaines, d'affirmer que le même résultat peut être obtenu en moins de temps sur la ligne de Tanger-Fez, dont le trafic atteindra alors les chiffres suivants pour 295 kilomètres :

En marchandises	1 350 × 295 =	398 250 tonnes
En voyageurs..................	1 350 × 295 =	398 250 unités

Si l'on applique à ces quantités les tarifs pratiqués sur le réseau algéro-tunisien, qui donnent comme produit moyen d'une tonne environ fr. 8 et fr. 3 par voyageur, on obtient pour le produit du trafic :

En marchandise, Tanger-Fez	fr.	3 188 000
En voyageurs d°	fr.	1 195 500
Produit total	fr.	4 383 500

Pour assurer un tel trafic, il y aura évidemment lieu d'augmenter proportionnellement les dépenses d'exploitation.

Si nous portons ces frais à 5 000 francs, maximum pratiqué sur le réseau à voie étroite algéro-tunisien, au lieu de 3 000 que nous avons primitivement prévu pour un trafic réduit, on aura, sur le réseau de Tanger-Fez,

une dépense annuelle de	fr.	1 475 000		
à laquelle s'ajoutera l'annuité d'intérêts et amortissement du capital de premier établissement..................	fr.	1 100 000		
Ensemble			fr.	2 575 000
Il restera donc un bénéfice net de			fr.	1 808 500

qui permettra encore tous les dégrèvements qu'on jugera utiles.

On peut donc admettre que les lignes de pénétration du port de Tanger telles que nous les concevons, sont assurées d'un trafic qui leur permettra de vivre largement.

Mais, malgré tout et en dépit de toute prévision, s'il y avait lieu de faire appel à la garantie de l'État marocain, cette garantie pourrait être prise sur les fonds à provenir de la Caisse spéciale, laquelle, ainsi que nous l'avons dit précédemment, s'alimente au moyen d'un prélèvement de 2,50 % sur les entrées des marchandises en territoire marocain.

Actuellement cette taxe douanière, spécialement affectée aux travaux publics, donne environ 1 500 000 francs par an; mais il est évident que ce produit ne fera que croître, par le fait de la création de l'outillage qui doit concourir au développement du pays.

Il faudra donc que le concessionnaire de cet outillage sache se contenter de la garantie que l'État marocain peut lui offrir, car la totalité des revenus liquides, en l'espèce les recettes ordinaires des douanes, ont été affectées à la garantie des deux derniers emprunts destinés à liquider les dettes du passé.

Mais, sous l'influence de l'administration et de la protection de la France, ces recettes augmenteront de leur côté dans les mêmes proportions que le produit de la taxe spéciale de 2,50 %, il y a donc lieu de compter qu'on pourra disposer, en cas de besoin, de la somme suffisante pour assurer la sécurité des capitaux engagés dans les grands travaux publics dont nous venons d'esquisser l'économie.

Le concessionnaire pourrait obtenir le droit au remboursement des insuffisances, d'ailleurs peu probables, de son exploitation, sur les excédents de recettes de toute nature de l'État marocain, comme ce dernier pourra, d'autre part, offrir, en garantie de la concession, des terrains domaniaux, « terres mortes », etc., se trouvant dans la zone desservie par les ouvrages concédés.

Conclusion

Telles sont, à notre avis, et autant que notre expérience du pays nous permet d'en juger, les trois entreprises :

Port de Tanger,
Adduction d'eau,
Voies ferrées dant l'hinterland,

qui nous paraissent actuellement possibles au double point de vue économique et politique.

Au point de vue économique, notre étude a démontré que ces trois affaires peuvent vivre très largement.

Elles sont également possibles, et même nécessaires, au point de vue politique, car il suffira d'un désir précis et formellement exprimé de la part des puissances qui ont reçu mandat d'assister le Sultan pour faire comprendre à ce dernier l'intérêt qui s'attache, aussi bien pour lui que pour ses sujets, à la création d'un outillage économique.

Ces puissances, en raison de leur voisinage immédiat avec le Maroc, ne sont d'ailleurs pas moins intéressées que le Sultan à la tranquillité du pays, à son organisation administrative et à son développement.

La France, qui assume aujourd'hui les charges du protectorat marocain, qui a une créance hypothécaire sur le Maroc supérieure à 250 000 000 de francs, qui a de plus avec ce pays une frontière commune de près de 1 000 kilomètres, a des droits particuliers à exercer et des devoirs à remplir, par suite de sa situation privilégiée et tout à fait spéciale.

Elle a, en effet, le droit de demander, sinon de prescrire, la mise en valeur du pays, pour affermir la sécurité de sa créance.

Elle a le devoir d'exiger le respect des traités et la garantie de sécurité sur le territoire marocain.

Des événements récents viennent d'ailleurs de prouver que, lorsque la France a voulu des satisfactions au Maroc en conformité de ses droits et devoirs et qu'elle les a réclamés avec une suffisante énergie, toute résistance était vaine.

En ce qui concerne le chemin de fer de Tanger à Fez, on ne pourra plus objecter que l'état de rébellion chronique dans lequel vivent depuis quelque temps les populations à desservir est un sérieux obstacle à la création de cet organe.

Nous voulons bien admettre encore comme très réel cet obstacle; mais nous ajoutons qu'il sera très aisément surmonté, dès que le gouvernement marocain, sur les conseils et les injonctions de la France, aura rompu avec des pratiques administratives condamnables, exercées sans mesure, sans équité et souvent avec tyrannie et cruauté.

Lorsque les tribus laborieuses du Fahç, des Djebala, du Gharb, etc., ne seront plus exposées sans défense à la rapacité et à la tyrannie des caïds, lorsqu'elles ne seront plus inquiétées par les exactions, les spoliations, les razzias du fisc chérifien, lorsqu'elles ne seront plus « travaillées », ni excitées par les marabouts fanatiques et intéressés au maintien de l'anarchie, elles redeviendront accueillantes, sociables, et, non seulement elles sauront apprécier la sécurité de leurs biens, mais elles prêteront encore leur concours à la création de tout organe destiné à consolider et affermir cette sécurité et améliorer la vie économique de leur pays.

Rappelons ici, en effet, ce que nous disions précédemment, que le Marocain, contrairement à la plupart de ses coreligionnaires d'Algérie et de Tunisie, est extrêmement laborieux, économe, prévoyant, et non dépourvu d'intelligence.

Il apprend aisément un métier, et c'est un précieux auxiliaire dans l'exécution des travaux publics ; nous en avons fait nous-même une longue expérience dans les nombreux chantiers dont la direction nous a été confiée en Afrique et en Europe.

Lorsqu'il ne trouve pas à s'employer chez lui, ou que les exactions de son caïd troublent la tranquillité de sa tribu, le Marocain émigre facilement ; on en rencontre, en effet, des milliers sur les chantiers de travaux publics et dans les exploitations minières d'Algérie et de Tunisie et même en France où nous en occupons nous-même en ce moment un certain nombre dans les travaux du port de Nantes ; plus de 50 000 Marocains passent la frontière algérienne au moment opportun pour prêter aux colons le concours de leurs bras vigoureux dans les travaux des champs.

E. GAUTHRONET.

Angers, imp. G. Grassin. — 3185-12

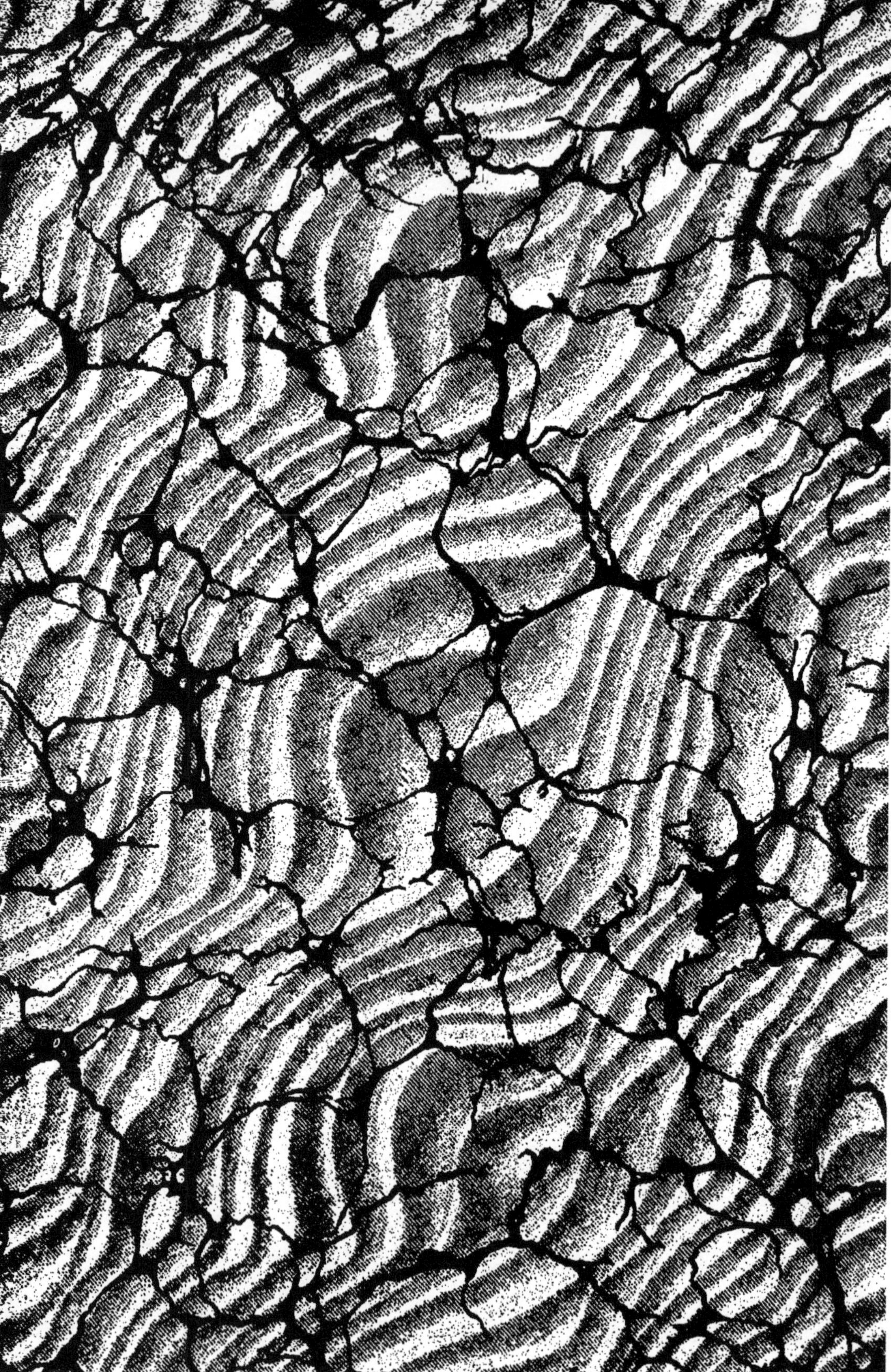

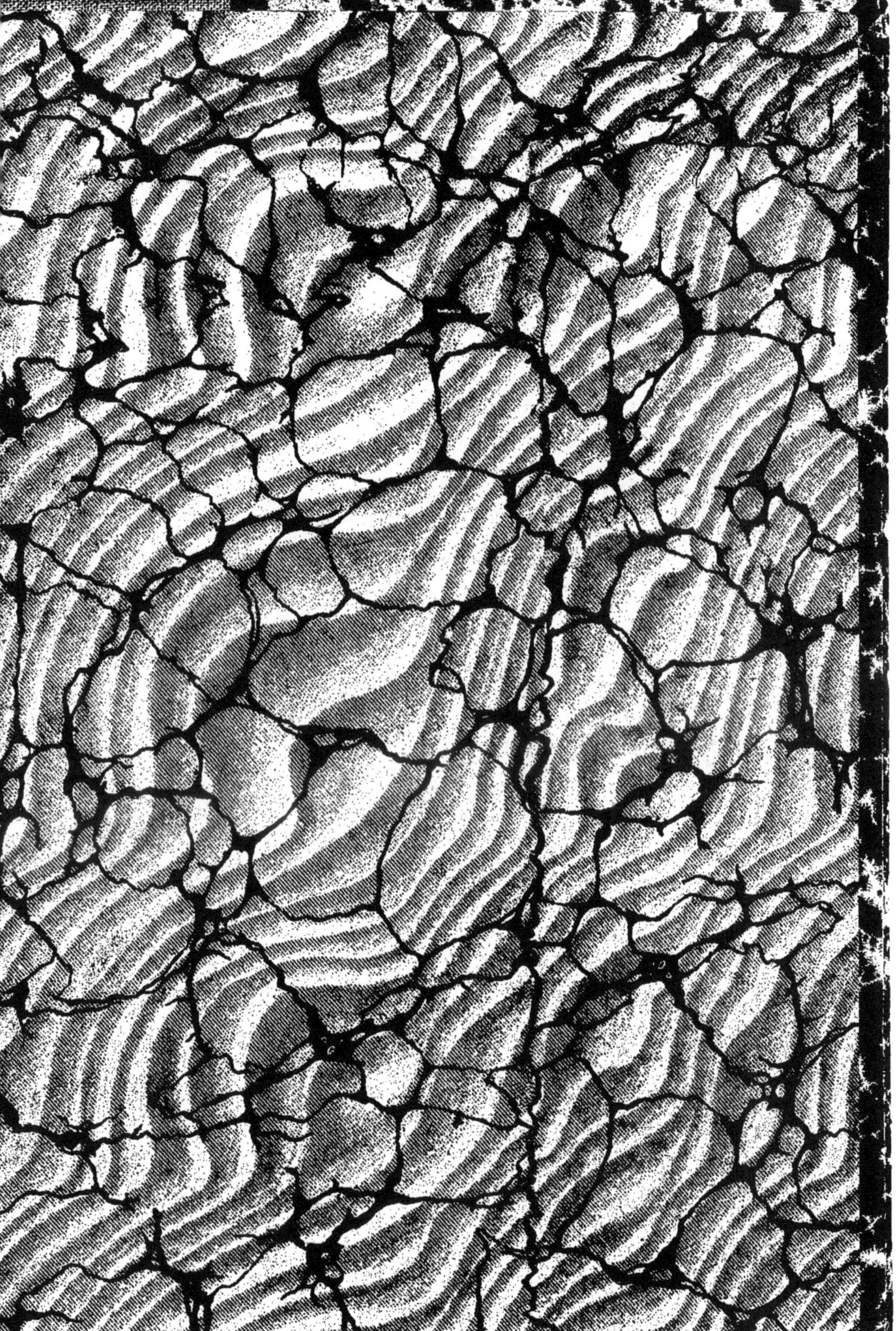

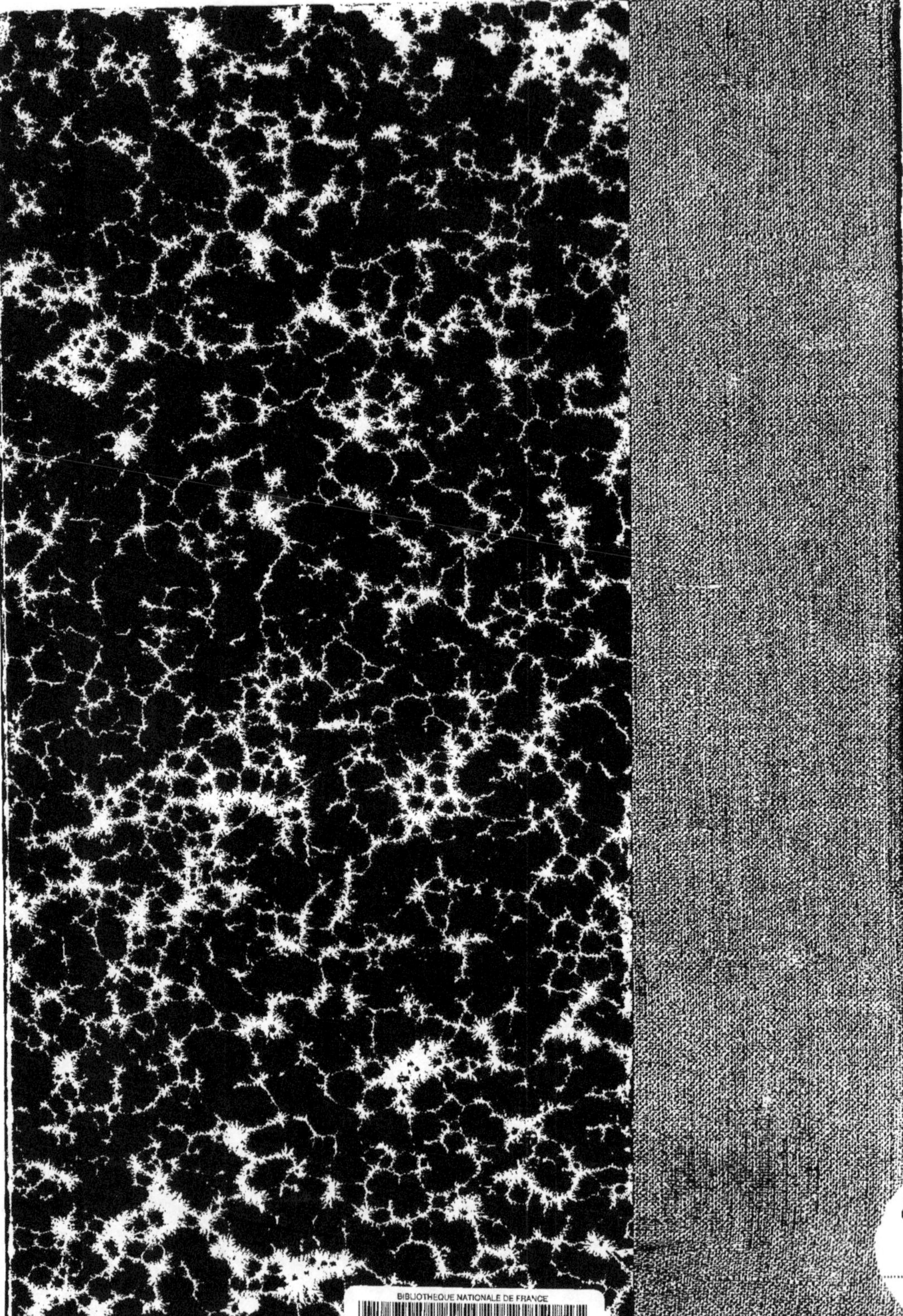